와인 | 개정 증보판 |

글 ● 사진 | 손진호

대원사

저자 소개

글·사진 손진호

충북 영동에서 태어났다. 대전으로, 서울로 유학을 가더니만 급기야 프랑스까지 건너갔다. 파리10대학에서 박사과정까지 역사를 전공한 역사학도다. 프랑스 농촌생활사에 관한 논문을 준비하는 과정에서 포도밭의 아름다움과 농민들의 땀을 보게 되었다. 그리고 그들의 투박한 손으로 만든 '와인'이라는 농산품에 반해 자기의 미래를 걸었다. 와인을 '독립된 토털문화'로 이해하고, 역사로서 문화로서 전파하려 한다. 와인을 대안으로 우리나라의 음주문화를 개선하려는 당찬 포부도 가지고 있다.

1999년 귀국 후 2012년까지는 중앙대학교 지식산업교육원의 5개 와인 전문과정 주임교수로 봉직하며 와인 전문 직업 인력을 양성하고, 한국 와인 교육의 토대를 다져왔다. 현재 중앙대학교 다빈치교양대학에서 와인학 및 지중해 미식학을 역사 인문학적 프리즘으로 해석하는 강의를 담당하고 있으며, 인류의 문화 유산이라는 인문학적 코드로 와인과 미식을 교육하고 전파하는 강의는 평판이 높다. 와인 교육가, 미식 컨설턴트, 칼럼니스트, 국산 와인 양조 컨설턴트로서 활발하게 활동하고 있다. sonwine@daum.net

차 례

와인

행복한 제안, 와인

21세기는 지난 세기와는 다른 삶의 양식을 필요로 하고 있다. 삶의 풍요를 위해서 열심히 일만 하던 시기가 있었다면, 이제는 삶 그 자체를 즐기려 하는 사람들이 늘고 있다. 아니면 최소한 삶의 패턴은 똑같다 하더라도 그 내용은 분명히 달라지고 있는 것만은 확실하다. 바로 그 내용의 변화에서 와인은 중요한 위치를 차지하고 있다. 전에는 양주와 소주, 폭탄주를 마시는 고도주 문화에서 이제는 맥주나 와인과 같은 저도주를 마시는 음주 문화가 형성되어가고 있다. 비단 내 몸이 편하자고 낮은 알코올의 술을 마시려고 하는 것만은 아니다. 이제 음주에 대한 관념 자체가 바뀌어 가고 있다. 전에는 취하기 위해, 무언가를 잊기 위해, 또는 무언가를 축하하기 위해 술을 마셨다면 이제는 음식과 곁들여 맛의 조화를 즐기고, 대화를 위해 그리고 건강을 위해 술을 마신다.

사실 양주나 소주를 마실 때는 술을 마시는 것이 주 목적이고 음식은 보조 안주일 경우가 대부분이다. 그러나 와인은 대개 식사하는 자리에서 마시게 된다. 마치 음료수와 같은 것이며, 의미 그대로 반주다. 물론 우리에게는 아직도 어색할 수 있지만, 서구인들에게 있어 와인은 음료수이자 음식의 하나다. 일상의 식탁에 올라 입맛을 돋워 주며 수분을 공급해 준다. 식사의 시작부터 끝까지 모든 음식을 소화해낼 수 있는 볼륨감과 풍미, 부담 없는 알코올 양은 와인만이 가지고 있는 편안함이다.

특별한 약이 없었던 고대나 중세의 서양에서는 포도주가 소독약이자 치료

와인이 있는 식탁　서구인들에게 있어 와인은 음료수이자 음식이다. 와인은 일상의 식
탁에 올라 입맛을 돋우며 수분을 공급해 준다.

제였다. 오늘날에도 성인병과 관련하여 좋은 효과를 보여 주는 연구 결과들이 나오고 있다. 또한 포도주는 과음하게 되는 술이 아니다. 와인만 홀로 마시는 경우에도 그 향과 맛을 음미하면서 천천히 즐기며, 식사 도중에 마시는 경우에는 음식을 먹으면서 대화를 즐기며 천천히 마시기 때문에 말 그대로 '반주'의 선에서 끝난다. 때로 과음하여 건강을 해치고, 다음 날의 업무에 소홀하게 되고, 사회적 책무를 흐트러뜨리기 쉬운 우리의 음주문화를 생각할 때 포도주는 하나의 대안이 될 수 있다.

더구나 포도주의 색깔과 향과 맛은 너무나 다채로워 그 자체만을 가지고도 충분한 화젯거리를 제공한다. 각기 다른 와인을 공부하며 습득하게 되는 문화 상식은 우리의 삶을 더욱 풍요롭게 해 줄 수 있다. 또한 각 와인은 나름대로의 자기 스토리를 가지고 있다. 품종 이야기, 그 고장의 이야기, 생산자 이야기 그리고 레이블 디자인 자체에 얽힌 이야기 등등 화제가 무궁무진하다. 나는 포도주를 중심으로 하는 음주문화가 부부와 가족과 사회에 대화를 가져오게 되어 결국 그 사회가 건강하게 되기를 바란다. 부부끼리 그 어떤 기념일에 다정한 연인처럼 와인을 마시며 사랑을 더욱 키워 보라. 온 가족이 함께한 저녁식사 후에 새콤달콤한 부드러운 와인을 들면서 다 큰 자식들과도 허물없이 대화해 보라. 건강한 부부, 건강한 가족이 있는 사회가 건강한 사회가 아닌가.

내가 처음으로 와인을 접한 것은 프랑스에서다. 동네 마트의 매장에서 수많은 종류의 와인, 다양한 가격대의 와인을 보며 포도주의 나라에 왔다는 실감을 하였다. 그러나 정작 와인의 세계에 깊이 심취하게 된 것은 프랑스의 농촌 생활에서다. 원래 전공이었던 역사학 학위 논문을 작성하기 위하여 프랑스 지방 곳곳을 누비게 되었고, 그 과정에서 자주 포도 재배 농민들과 함께 식사하고 함께 자곤 했다. 아버지와 아들, 손자가 함께 식탁에서 빵과 치즈, 와인을 즐기는 모습은 내겐 퍽이나 생소한 경험이었고, 가난한 가운데서도 삶은 풍요로울 수 있구나 생각하게 하였다. 모든 지역의 농민들은 자기 포도밭과 자기 지역 와인에 대해 자긍심을 가지고 있었고, 실제로 맛과 향이 모두 다르다는 것도 신기했다. 그렇게 관심을 갖게 되었고, 시간이 흐르면서 시나브로 내리는 이슬비에 옷이 푹 젖어들듯, 나도 모르게 와인은 내 삶 속으로 들어왔다.

역사학자로서, 문화를 사랑하는 사람으로서 그리고 가톨릭 신자로서 난 와인을 사랑할 태생적인 바탕이 마련되어 있었던 것일까? 와인을 알면 알수록 이 작은 농산품이 인간사회를 참으로 풍요롭게 하고 있다는 생각을 하게 되었다.

이제 나는 와인 교육가의 길을 걷고 있고, 그 기쁨과 즐거움을 여러 사람과 함께 나누고자 한다. 이 책은 와인을 처음 접하는 분들을 위한 책이다. 그림 한 편을 감상하듯, 편하게 읽으면서 하나의 '문화'를 느껴 보시길 바란다. 750ml의 작은 병 안에 담긴 넓고 큰 세계를.

와인의 역사와 문화

포도주의 발견과 고대 문명

인류가 언제 어떻게 왜 와인을 만들기 시작했는지는 분명치 않다. 최초의 과실주 와인으로서 인류의 역사에 등장했던 술은 포도주였다. 필요한 양의 당분과 풍부한 과즙이 있는 포도는 자연적으로 발효가 진행될 수 있는 거의 유일한 과일이기 때문이다. 고고학자들은 고대 유적에서 찾은 포도씨의 화석을 연구하여 지금으로부터 8천여 년 전 흑해 동쪽의 코카서스산맥 인근에서 최초의 포도 재배 흔적을 찾았다.

이후, 고대 사회의 축제나 종교의식에서 없어서는 안 될 요소요, 훌륭한 의약품이자 소독약으로도 사용되었던 포도주는 고대 사회에서 중요한 역할을 하였다. 고대의 두 큰 문명이었던 그리스 문명과 로마 문명을 통해서 포도주 제조와 그 문화가 발달했으며, 그 주변 제국들에 포도주 문화를 전파하였다

고대 술병 토기, 암포라(Amphora)

는 사실은 분명하다. 고대 그리스와 로마인들은 그들의 '삶'과 포도주를 밀접하게 연관시켰다. 특히 종교와 예식에 사용했기 때문에 문화적으로 큰 영향을 끼쳤다. 그리스 신화에 등장하는 주신(酒神) 디오니소스(로마 신화에서는 바쿠스)에 대한 숭배 의식은 그리스도교의 성찬식과 기묘하게 합쳐졌고, 이후 로마의 제국화와 함께 전파된 그리스도교 문화의 영향으로 포도주는 유럽 문명에서 없어서는 안 될 가치를 가지게 되었다. 이처럼 그리스·로마 신화와 그리스도교로 이어지는 일련의 종교의식과 포도주의 연계성을 밝힐 수 있으며, 오늘날 세계 와인 산지의 거의 대부분이 그리스도교 문명 국가들이라는 점 또한 이 사실을 증명하고 있다.

중세의 혼돈기와 와인 산업의 위기

유럽 대륙의 평화를 유지해 주던 로마제국이 몰락한 뒤, 게르만족의 침입으로 인한 고대 사회의 해체와 중세의 혼돈 속에서 포도 재배는 거의 자취를 감추었다. 단지 종교의식에 쓸 포도주가 필요했던 교회에서만 포도나무를 재배해 그 명맥을 이었다. 자연히 다른 포도밭들은 사라지고 수도원과 교회 주변에 포도밭을 조성하게 되었다. 그런데 수도사들은 포도주를 단순 생산하는 데만 그친 것이 아니고 신에게 바치기 위한 '더 좋은' 포도주를 만들기 위해 노력했다. 이들 수도사들의 노력으로 포도 재배와 와인 양조에 관련된 깊이 있는 지식들이 축적되게 되었다.

중세인들에게 포도주나 맥주는 사치가 아니고 생활의 필수품이었다. 중세

포도 재배에서 와인 양조까지의 주요 과정이 표현된 스테인드 글라스

도시의 수돗물은 대개 깨끗하지 못해서 곧잘 배탈이나 이질, 설사병에 걸리곤 하였다. 항생제의 효능도 갖고 있었던 포도주는 이 시기 사람들에겐 하나의 약이었다. 포도주 자체는 다른 술들처럼 독해 물에 희석해서 마시곤 했다. 중세의 혼돈기가 지나 어느 정도 안정된 시기가 도래하자 포도주의 수요가 폭발했고, 이는 포도 재배와 포도주 관련 산업을 자극하게 되었다.

근세 시민 사회와 와인 산업의 부흥

이제는 대부분의 사람들이 일상적으로 와인을 마시게 되자 와인 생산자와 상인들은 새로운 요구에 직면하게 되었다. 바로 품질에 대한 요구였다. 물론 고대 로마나 중세 때도 황제나 왕, 고위 성직자들은 고급 품질의 포도주를 찾았다. 17세기 말에 다시 등장한 이런 요구는 그동안 경제적, 문화적으로 성숙한 상류층의 고급 와인 선호 의식을 대변한다.

고급 샹파뉴나 특급 보르도 와인이 전 유럽의 궁정으로, 부호들의 저택으로 들어갔다. 바로 이런 요구로 인해 오늘날 우리가 '그랑크뤼(Grand cru)'라고 부르는 특급 와인들이 탄생하게 되었다. 양적 소비에서 질적 소비로의 전환이 이루어진 것이다.

영국의 뒤를 이어 프랑스도 18세기 중반을 지나면서 산업혁명 영향으로 도시가 발달하고 인구가 증가하였으며, 노동자 계층의 증가와 함께 대중적 와인 생산량은 폭발적으로 증대하였다. 더욱이 철도 개설로 포도주의 대량 운반과 원거리 운송이 가능해지자 포도주 산업은 혁명적 전기를 맞이하게 되었다.

현대 사회와 와인 산업의 급성장

19세기 중반부터 이어진 각종 질병 창궐과 제1차 세계대전 그리고 뒤이은 경제 위기로 인한 포도주 산업의 정체를 극복하기 위해 관련 제도를 정비하고 이를 구체화하기 시작했다. 1935년 프랑스 정부는 품질을 관리하기 위한

생테밀리옹 성인 동상   중세 이후 포도주와 관련된 여러 성인들이 나타나게 되는데, 이 들을 기념하는 축제가 오늘날에도 이어지고 있다.

일련의 제도, 즉 AOP 제도를 만들게 되었고 동시에 국립 원산지명칭통제원을 설립하여 믿을 수 있는 포도주, 품질 좋은 포도주를 만들고자 하였다. 이 제도는 이탈리아, 스페인 등 유럽 각국의 품질관리제도의 모범이 되었다.

아울러 미국 서부와 호주, 뉴질랜드 등 신세계로의 이민이 점점 늘어나면서 이들 국가에서도 유럽식 포도 재배 및 와인 생산의 전통을 이어가게 되었다.

또한 화학을 비롯한 인접 학문 분야의 진보로 인해서 그동안 경험에만 의존했던 많은 부분들이 과학적으로 연구되기 시작했다. 생산량을 늘리면서도 품질을 증가시킬 수 있었고, 경기의 호황과 함께 1980년대 이후의 포도주 산업은 전성기를 맞았다. 전반적인 생활 수준의 향상으로 애호가들의 소비 패턴이 저급 와인에서 고급 와인으로 바뀌면서 전체적인 와인 소비량은 줄어들었다. 특히 이 시기의 뉴월드 와인 품질이 급속도로 향상되고 품종 와인을 중심으로 새로운 시장 판도를 만들어 프랑스, 이탈리아 등 전통적인 와인 생산 국가들과 경쟁하게 되었다. 포도주 생산자들에게 20세기 말은 번영의 시기였으며, 소비자들에게는 좋은 품질의 와인을 좋은 가격에 마실 수 있었던 시기였다.

21세기 기후 변화, 코로나 엔데믹(Endemic) 시대의 한국 와인 산업

21세기는 와인 세계에 있어서도 새로운 패러다임의 시대다. 기후 온난화와 함께 와인 생산 지역도 새롭게 재편되고 있다. 지금까지 서늘한 기후 지역이었던 독일과 영국, 동부 유럽에서 강력한 생산력이 나타날 것이며, 더운 기후의 혜택을 받았던 전통적 생산 지역들은 폭염으로 인한 피해를 걱정해야 할 때다. 세계적인 기온 상승으로 사람들은 보다 시원하고 가벼운 스타일의 와인을 선호할 것으로, 스파클링 와인과 화이트 와인 시장의 성장을 기대한다.

한편 세계적인 와인 산업의 호황은 계속되고 있고 더불어 한국의 와인 산업도 빠른 속도로 성장하고 있다. 2021년 기준 5억 6천만 달러에 상당하는 와인이 수입되고 있으며, 국민 1인당 와인 소비량도 1.5ℓ를 넘어서고 있다. 2020년 이후부터는 국산 과실로 만드는 국산 와인의 품질이 좋아지며 애호가층이 형성되기 시작했다. 국산 와인은 캠벨·청수·샤인 머스캣·산머루·사과 등의 과실로 생산되며, 충북 영동군을 비롯한 전국 각지의 농가형 와이너리에서 생산되고 있다.

2019년부터 세계적으로 유행하고 있는 COVID-19 팬데믹 사태로 인한 사회적 거리두기와 자가 격리로 인하여 '집콕, 홈술, 혼술' 등의 신경향이 생성되며 소비가 폭증하여 한국의 전통적 소비 주류인 소주와 맥주의 소비를 추월하게 되었다. 전반적으로 20~30대 소비자와 여성 소비자가 증가하고 있으며, 스파클링과 화이트 와인 등 가벼운 스타일 와인의 판매 증가가 눈에 띄고 있다.

섬세한 유럽 와인들과 개성이 뚜렷한 뉴월드 와인들이 골고루 판매되고 있으며, 와인을 소비할 수 있는 외식 공간도 늘어나고 있다. 각급 교육기관에서

충북 영동 와인,
미르아토 & 소계리 와인

와인을 공부하여 소비하는 와인 애호가층도 급속히 증가하여 한국 와인 산업과 와인 문화의 앞날은 밝다.

와인과 건강

와인은 인류 문명의 초기부터 일상생활과 밀접한 관련을 가져 왔다. 특히 여러 가지 질병의 치료와 예방, 건강 유지에 중요한 역할을 했던 것이 역사적 문헌을 통하여 입증되고 있다. 최초의 와인과 건강 이야기는 과학적 근거에서 나왔다기보다는 붉은색의 와인이 가졌던 삶에 대한 상징성에서 도출되었을 가능성이 높다. 그러나 시간이 흐르면서 점점 와인이 가지고 있는 알코올과 몇 가지 성분들의 순기능이 발견되면서 실용적, 의학적인 발달로 이어졌다.

의학의 창시자 혹은 의학의 아버지라고 불리는 히포크라테스는 기원전 400년경에 이미 포도주를 발열이나 염증 완화에 쓰이는 치료제로 취급하였고, 처방전에 귀하게 사용하였다. 고대 로마의 검투사들이나 군인들이 전투에 다친 몸을 소독할 때도 포도주 목욕이 권장되곤 하였다. 식수가 위생적이지 못했던 고대나 중세의 사람들은 물에 포도주를 타서 마심으로써 일종의 소독약으로 사용하였다. 이런 걸 보면, "신이 인간에게 내려 준 최고의 축복"이라고 했던 플라톤의 찬사가 아니더라도 실로 포도주는 인류의 역사와 함께했으며, 인류의 건강을 유지하는 데 중요한 역할을 담당해 왔다고 볼 수 있다.

와인의 의학적 효능

일상적으로 와인을 즐겨 마신다는 프랑스인들이 버터, 치즈와 육류 등 동물성 지방(포화지방)을 많이 섭취하면서도 심장 질환으로 인한 사망률이 다른 나라 국민들에 비해 상대적으로 낮다는 것은 소위 '프렌치 패러독스(French Paradox)'란 말로 이미 잘 알려졌다.

프랑스 보르도 대학의 심장 연구자인 세르쥬 르노 박사는 하루에 두세 잔의 와인을 마시면 포도주에 함유되어 있는 페놀 유사 화합물(폴리페놀)들이 혈장 내에서 항산화 작용을 강화시켜 우리 몸에 해로운 콜레스테롤인 저밀도 지방단백질(LDL)의 산화를 막아주기 때문에 심장 관상동맥 경화증을 줄여 준다고 발표한 바 있다. 와인을 마시면 동맥경화를 방지하는 기능이 있는 고밀도 지방단백질(HDL)이 증가하고 오히려 동맥경화를 촉진시키는 저밀도 지방단백질은 감소되는데, 심근경색은 주로 HDL이 낮은 사람에게 발병하기 쉽다. 다시 말해 와인은 질병을 예방한다는 차원에서 새롭게 인식되고 있는 것이다. 그러나 이러한 레드 와인의 건강 유익설은 여러 연구팀들이 다각도

⎯⎯ 이산화황(SO2)

18세기 이래로, 황 성분은 와인을 안전하게 보관시켜 주는 산화방지제로서의 역할을 해 왔다. 오랜 기간의 보존에도 불구하고 와인이 식초로 변하지 않는 것은 이 '황' 덕분이다. 그 이후로 오늘날까지 황 성분을 대체할 만한 다른 '보다 효과 있는 대체품'은 없다. 또한 식품이 발효하면 아주 미세한 양이지만 SO_2가 자체 발생하기도 한다. 그런데 문제는 필요 이상으로 과다하게 사용되었을 경우다. 우선, 고농도일 경우 냄새가 아주 심하다. 과잉 주입 시 천식 환자들에게 민감하게 반

이산화황을 사용하지 않은
내추럴 와인 레이블

응할 수 있으며, 편두통과 소화불량을 야기할 수 있다. 따라서 세계 각국의 식품위생법에 의해 이산화황을 포함하고 있다는 문구를 적어 넣고 그 양을 표시하도록 하고 있다. 와인의 스타일로 본다면 스위트 와인이 아황산염을 가장 많이 함유하고 있다. 이산화황이 가장 적게 함유된 와인을 마시려면 드라이한 강한 레드 와인을, 그 다음으로 드라이한 화이트 와인을 선택하는 것이 좋다. 최근에는 양조 공정과 병입 공정에서 이산화황을 전혀 사용하지 않거나 최소화해 생산된 '내추럴(Natural)' 와인이 인기를 끌고 있다. 향과 맛에서 다소 시큼하고 덜 세련된 풍미가 느껴질 수는 있지만, 화학적 성분이 들어가지 않은 자연스러운 와인을 마시려는 애호가층이 선호한다.

로 연구하면서 반론도 나오고 있는 상황이므로 앞으로 더욱 깊은 연구가 뒤따라야 할 것이다.

한편 와인도 알코올이 함유된 음료이기 때문에 적정량을 넘겨 섭취할 경우에는 오히려 건강을 해칠 수가 있다. 알코올로 인한 간장 질환으로는 일찍부터 알코올성 지방간, 알코올성 간염과 간경변이 알려져 있기 때문에 와인을 즐기는 입장에서도 한번씩 짚고 넘어가야 할 부분으로 생각한다. 참고로, 섭취된 알코올은 대부분 십이지장과 소장에서 흡수되고 문맥을 통해 간장으로 운반되어 대부분(90% 이상)이 간장에서 대사되는데, 간에서의 알코올 분해 속도는 보통 1시간에 체중 1kg당 100mg이라고 한다. 따라서 체중이 60kg인 사람이 와인 375ml(1/2병, 12% 알코올 농도)를 마신 경우, 알코올 대사에 약 7시간 반이 소요된다. 소주 1병(360ml, 25% 알코올 농도)인 경우에는 약 15시간이 소요된다. 보통 하루의 알코올 섭취량이 120g 이상이면 아주 위험한 양이며, 40~120g이면 위험량, 40g 이하이면 안전하다고 볼 수 있다.

따라서 매일 적정량의 와인을 음식과 곁들여서 마신다면 심신 건강에 위해가 되지 않으며, 오히려 식욕을 돋워 줌으로써 식사의 즐거움과 함께 정신적인 긴장도 풀어 주는 정서가 넘치는 삶을 향유할 수 있으리라 본다. 더욱이 와인은 알칼리성 무공해 완전식품이 아닌가. 와인은 부적절한 식생활로 인한 우리 인체의 산성화를 예방해 주기도 하는 알칼리성 건강 음료인 것이다. 식사중에 와인을 음식과 곁들이게 되면 소화에도 도움이 된다는 것은 모두가 잘 알고 있는 사실이다.

남자의 경우 하루 300ml, 여자의 경우 200ml 이하를 적정량으로 권하고 있다. 필자의 경우 와인 1병(750ml)으로 세 사람이 나눠 마실 때 가장 부담 없는 즐거운 식사를 할 수 있었다.

와인이란? : 와인 이해하기

다양한 와인의 종류와 스타일

와인은 과실 발효주다. 물론 사과나 배, 체리, 산머루 등의 다른 과실로도 와인을 만들 수 있으나 이는 극히 드물며, 대부분의 와인은 포도로 만들어지기에 와인을 포도주라고 해석해도 무방하다. 일반 와인은 순수하게 포도만 사용하여 만든다. 그러나 달콤한 당도와 높은 알코올 도수를 얻기 위해 고농도 알코올을 첨가한 알코올 강화 와인(Fortified wine)과 다양한 향신료나 허브를 첨가해 특별한 목적으로 만든 가향 와인(Flavored wine)들도 있다.

와인의 분류법은 무척 다양한데 색상, 탄산가스의 존재, 당미, 알코올 도수, 기능 등 다양한 각도에서 분류해 볼 수 있다. 여기서는 대표적인 몇 가지를 소개하고자 한다.

색상에 의한 분류

와인을 분류하는 방법 중 가장 간단하고 눈에 띄는 것이 색상에 의한 분류법이다. 검붉은 적색을 띠고 있으면 레드 와인, 노란빛을 띠고 있으면 화이트 와인, 그리고 부드러운 핑크빛을 띠면 로제 와인으로 분류한다. 그런데 레드 와인과 로제 와인의 색상 경계가 명확히 정해져 있는 것은 아니다. 연한 레드

화이트 와인	레드 와인	로제 와인

와인과 진한 로제 와인의 경우 이들을 어느 쪽에 넣을지는 생산자의 몫이다. 이 경우 색상 그 자체보다 제조 과정을 염두에 두고 구분하는 것이 현명할 듯 하다.

화이트 와인 이름은 '흰색(White)'이지만 실제 색상은 주로 노란색 계열 이다. 연한 노란색에서 진한 노란색을 거쳐 황금색, 호박(琥珀)색에 이르기까 지 화이트 와인이라고 부르고 있다. 화이트 와인은 레드 와인과는 달리 타닌 을 비롯한 추출물이 거의 없기 때문에 가볍고 산뜻하며, 과육질의 향과 맛을 그대로 담고 있어 청량감이 뛰어나고 화사한 느낌을 준다. 주로 식욕을 돋우 기 위해 식전주로 마시거나 본식에서 생선이나 해산물, 가금류나 면 요리와 즐겨 마실 수 있다.

레드 와인 연한 적보랏빛 와인에서부터 진한 암홍색, 때로는 잉크를 연 상시키듯 흑색에 이르기까지 붉은 기를 띠고 있는 와인이다. 적포도의 껍질 에는 와인에 붉은색을 내게 하는 색소가 함유되어 있는데, 적포도주의 발효 과정과 침용 과정을 통하여 포도껍질의 붉은 색소가 우러나게 된다. 또한 이 과정에서 색소 외에 '타닌'이라고 하는 성분이 우러나게 되는데, 이로 인해 레드 와인은 수렴성과 떫은 감을 갖게 된다. 레드 와인은 전체적인 향과 맛에 있어 강한 풍취를 갖고 있으며, 주로 본식의 고기 요리와 맛과 향이 깊은 음식과 잘 어울린다.

로제 와인 명칭은 '장밋빛 와인'이지만, 실제로는 연한 양파껍질색에서부터 연한 루비색에 이르기까지 다양한 색감을 보인다. 색소가 들어 있는 적포도 껍질의 침용 기간을 최소화시켜 원하는 색상을 뽑아낸다. 색감은 레드 와인에 가까우나 미감은 화이트 와인처럼 가볍고 부드럽다. 다채로운 요리가 섞여 있는 식탁에서나 뷔페 요리에 선택하면 좋겠다. 미국 와인에서 볼 수 있는 '블러쉬 와인(Blush wine)', '화이트 진판델(White Zinfandel)' 같은 용어도 로제 와인을 뜻한다.

잔여 가스 함량에 의한 분류

일상적으로 마시는 대부분의 보통 와인은 탄산가스가 들어 있지 않은 와인(Still wine)이다. 1g/L 이하의 탄산가스를 함유하고 있어 미각으로 인지할 수 없다. 특별한 제조 공정 결과 탄산가스를 함유하게 된 와인 중에서 압력 2~3bar 정도의 약한 발포성을 가지는 와인들을 '약발포성 와인'이라 구분하며 Semi-Sparkling, Vin pétillant(불어), Vino frizzante(이탈리아어) 등으로 표현한다. 약한 발포성과 함께 입 안을 '톡 쏘는' 정도의 탄산가스를 함유하고 있어 와인에 청량감을 주고 과일 향을 북돋워 준다. 대표적 와인으로는 프랑스 무스(Mousseux), 이탈리아 모스카또 다스티(Moscato d'Asti)·아스티(Asti)·브라케또 다끼(Brachetto d'Acqui), 독일 페를바인(Perlwein)·펫낫(Pét-Nat) 스타일 스파클링을 들 수 있다.

이 단계를 넘어서면 멋진 기포와 풍부한 거품을 볼 수 있는 와인이 있다. 자연 상태의 2차 발효를 통하여 탄산가스를 형성시켜서 3~6bar 정도의 압력을 함유하고 있는 와인으로, 강발포성 와인 또는 스파클링 와인(Sparkling

다양한 발포성 와인 드라이한 와인에서부터 부드러운 당도의 와인까지, 2~3만 원대의 일반 와인에서 20만 원 이상의 고급 샹파뉴까지 다양한 종류가 있다. 왼쪽부터 Cava, Prosecco, Champagne.

wine)이라고 부른다. 잔에서는 지속적으로 기포가 솟아 오르며, 입 안에서는 거품이 꽉 차는 느낌을 받는다. 높은 산미와 깔끔함으로 모든 종류의 음식을 동반할 수 있으며, 반짝이는 기포와 풍부한 거품은 축제 분위기를 연출한다. 프랑스의 샹파뉴(Champagne)와 크레멍(Crémant), 스페인의 까바(Cava), 이탈리아의 프로세코(Prosecco), 독일의 젝트(Sekt) 등이 있다.

잔여 당분 함량에 의한 분류

수확기에 이른 잘 익은 양조용 포도는 250g/L 이상의 당분이 축적되어 상당히 달콤하다. 이 당분은 알코올 발효 과정을 거쳐 알코올로 변하게 되며, 그 결과 일반 와인은 단맛이 거의 없는 '드라이(Dry)'한 상태가 된다. 그러나 특별한 스타일의 와인을 생산하고자 한다면 이 양조 과정에 기술적으로 개입해서 당도가 남아 있는 스위트한 와인을 생산할 수 있다.

이러한 제조 과정은 다음 장 양조 파트에서 설명할 것이며, 여기서는 그 분류 기준과 용어에 대해 알아 보자. 당도에 의한 분류법은 탄산가스가 없는 일반 와인과 탄산가스가 있는 발포성 와인에서 각각 그 기준과 표현 용어가 다르다.

일반(스틸) 와인

Bone Dry → Dry → Off Dry → Medium Dry → Medium Sweet → Sweet

발포성 스파클링 와인(프랑스 샹파뉴 기준)

표현 용어	Extra Brut	Brut	Extra-Sec	Sec	Demi-Sec	Doux
잔당 g/L	0~6	0~15	12~20	17~35	35~50	50+

* 왼쪽으로 갈수록 당분이 적어 드라이한 것이며, 오른쪽으로 갈수록 달콤하다.

기능에 의한 분류

먼저 '식전주(Apéritif)'가 있다. 식전에 입맛을 돋우기 위한 술로서 높은 산도나 적절한 쓴맛을 가지고 있으며, 알코올 도수가 높을 수도 있다. 프랑스 칵테일 끼르(Kir, Royal, Imperial), 스페인 쉐리(Fino Sherry), 샹파뉴, 화이트 와인 등이 식전주로 애용된다.

이어지는 일반 식사와 함께 마시는 드라이한 화이트·로제·레드 와인을 '테이블 와인(Table Wine)'이라 부른다.

마지막으로 '식후주(Digestif, Dessert wine)'는 소화를 돕고 입맛을 정리하기 위한 술로서, 대개 알코올 도수가 높고 달콤한 경우가 많다. 화이트 스위트 와인에는 프랑스 쏘떼른(Sauternes)·알자스 SGN·이탈리아 빠씨또(Passito)·스페인 PX 쉐리·포르투갈 마데이라(Madeira Malvasia)·독일 TBA & Eiswein·헝가리 토까이(Tokaji) 등이 유명하며, 레드 스위트 와인으로는 포르투갈 포트 (Porto)가 초콜릿 케이크·견과류와 잘 어울리며, 마지막으로 양주 브랜디 코냑(Cognac)은 시가와 멋진 조화를 이룬다.

와인은 어떻게 만들어지나

'와인을 마시는데 왜 양조의 기본을 알아야 하는가?' 이런 질문이 있을 수 있다. 그러나 시중에 나와 있는 다양한 와인의 스타일과 개성, 품질이 다른 이유를 이해하기 위해서는 양조의 기본을 알아야 한다. 와인은 자연과 문화의 산물인 동시에 일정한 공정을 통해 만들어진 농산가공품이기 때문이다. 달콤한 포도로 만들어진 와인이 왜 드라이하고 떫떨한지, 색상은 왜 그리 다양한지, CO_2 가스는 어떻게 들어 있는지, 왜 맛의 차이가 있는지 등의 의문에 대한 해답을 찾아가 보자.

포도 성분과 와인 양조

와인을 제조하는 사람에게 있어 포도는 요리를 만들려는 요리사의 식자재와 같다. 식자재를 얼마나 싱싱한 것을 사용하느냐에 따라, 그리고 요리사가 그 식자재의 특성을 얼마나 잘 이해하고 있느냐에 따라 훌륭한 요리가 만들어지듯이 와인도 마찬가지다.

포도송이는 각 포도알과 그 알이 붙어 있는 잔가지(포도자루)로 이루어져 있다. 포도알은 껍질·과육·씨로 구성되어 있는데, 이 모든 성분들은 각각 고유한 미감을 가지고 있다. 양조자는 이들의 특성을 잘 파악하여 자기가 원하는 스타일의 와인을 만들 수 있다.

포도에 있어 가장 중요한 성분은 껍질과 과육이다. 껍질은 포도의 과육을 싸고 있는 얇은 조직으로, 여러 세포층으로 구성되어 있다. 이 껍질은 타닌이

레드 와인 제조 과정 포도 수확 장면(수작업
과 기계작업)→발효 장면→포도 침용 과정→
배양·숙성 과정

나 색소 같은 폴리페놀 성분과 향 입자들을 함유하고 있다. 청포도의 노란 색소는 화이트 와인의 색상에 거의 영향을 끼치지 않는 반면, 적포도의 붉은 색소는 추출 과정에서 레드 와인의 색상에 영향을 준다. 껍질막 외부에는 박테리아나 효모 같은 미생물이 붙어 있다. 포도즙이 될 과육은 대부분은 물이며 당분과 산, 기타 유기물질, 미네랄 등을 함유하고 있다. 아주 드물게 색깔이 있는 과육을 가진 포도가 있지만 일반적으로는 껍질의 색과 상관없이 무색이다. 따라서 압착 과정에서 주의를 한다면 적포도에서도 화이트 와인을 얻을 수 있다.

북반구의 경우 4월 중순경에 싹이 트고, 잎과 가지가 성장하여 6월경에 꽃이 피고 수정이 되면 포도송이가 만들어진다. 이후 약 100여 일 동안의 성장기에 물이 차올라 포도알은 탱실탱실 커지며 동시에 당분과 각종 미네랄이 형성된다. 보통 9월 중순경이면 수확을 할 만큼 당도가 높아진다. 화이트 와인용 포도는 일정한 산도를 보존하고 신선한 과일 향을 간직하기 위하여 포도가 완전히 익기 전에 수확하며, 레드 와인용 포도의 경우는 진한 색상과 잘 익은 포도의 향을 강화시키기 위하여 충분히 익은 후에 수확한다.

수확한 포도는 양조장의 검별 테이블(컨베이어 벨트)에 올려 몇 사람의 손을 거치면서 잡티와 불순물, 그리고 적절치 않은 포도송이를 골라낸다. 이 과정은 와인의 품질을 위해 매우 중요한 과정으로, 품질에 신경을 쓰는 고급 양조장이라면 이 과정에서 적절치 못한 포도는 과감히 걸러 낸다. 싱싱한 포도알을 눌러 터뜨려 파열시키면 즙이 나오고 껍질에 있는 효모와 접촉하게 되어 발효가 촉발될 조건이 갖추어진다. 이렇게 해서 포도즙과 껍질, 씨 그리고 경우에 따라서는 포도자루 등이 모두 뒤섞인 혼합액이 발효조 안에 모아진다.

레드 와인

알코올 발효는 포도의 당분에서 알코올과 글리세롤, 향기, 탄산가스 등을 얻는 일련의 화학적 과정이다. 포도의 당분이 알코올로 변하는 것은 효모의

화이트 주스 착즙 공정 화이트 와인을 만들기 위하여 청포도나 일부 적포도를 압착기 안에 넣고 부드럽게 압착한다. 사진은 샹파뉴 제조 과정.

작용에 의해서다. 포도 껍질에 홀씨 형태로 존재해 있던 효모는 양조 과정에서 당분을 지닌 포도즙과 만남으로써 활동을 개시한다. 적당한 온도가 주어지면 발효는 시작되고 당분이 다 소모되면 발효는 멈춘다.

발효는 끝났으나 적포도 껍질의 색소와 타닌 등을 뽑아내기 위해 계속 껍질과 와인을 함께 담가 둔다. 이를 '침용 추출 과정(Maceration)'이라고 한다. 가볍고 신선한 스타일의 와인을 원한다면 단기간(1~2주)만, 진하고 묵직한 스타일의 와인을 만들고자 한다면 장기간(3~4주) 담가 둔다. 이렇게 해서 만들어진 와인은 600여 개의 성분으로 구성되어 있으며, 이 성분들은 시간이 흐르며 새롭게 이합집산하는 과정을 통해 스스로를 개선시켜 간다. 이를 '숙성 과정'이라 한다.

샹파뉴 제조 과정 지하 숙성실에서 2차 병입 재발효 →침전물을 병 입구로 모으기 →
효모 침전물 제거 → 완성된 샹파뉴

화이트 와인

화이트 와인은 흔히 청포도로만 만들어지지만 간혹 적포도를 가지고도 화이트 와인을 만들 수 있다. 적포도의 색소는 껍질에 있기 때문에 조심스럽게 포도를 압착하여 맑은 즙만 짜낸다면 이 즙을 가지고 화이트 와인을 제조할 수 있다.

수확한 싱싱한 포도는 지체 없이 압착기로 들어가 부드럽게 압착된다. 흘러나온 즙은 12~24시간의 중력에 의한 자연 정제 기간을 거쳐 윗부분의 맑은 즙만 사용하여 발효시킨다. 화이트 와인의 생명인 신선미와 청량감을 잃지 않기 위해 저온 발효를 하며, 레드 와인 양조에서 중요한 공정인 침용 과정은 하지 않는다. 발효를 마친 후, 일반 와인은 저온 통제가 되는 스테인리스조에서 병입(甁入) 시까지 보관되며, 고급 와인은 오크 통에서 특별한 숙성 과정을 거쳐 복합적 풍미를 갖게 된다.

로제 와인

로제 와인을 만드는 방법은 두 가지가 있는데 하나는 레드 와인을 만드는 방법에서 나온 것이고, 또 하나는 화이트 와인 제조 방식에서 착안한 것이다. '세네(Saignée)'라고 부르는 첫 번째 방법은 적포도를 가지고 레드 와인을 만들 때 12~36시간 정도 껍질과 함께 발효시킨 후, 원하는 색상이 나오면 바로 포도즙을 빼내 껍질과 분리하여 발효를 계속하는 방식이다. 짧게나마 껍질과 함께 두었기 때문에 약간의 타닌과 추출물이 있을 수 있다. 화이트 와인 생산 방식을 응용한 경우 역시 적포도를 사용하는데, 침용 과정 없이 처음부터 압착을 하면서 원하는 색상이 배어 나오도록 약간 프레싱 압력을 높이는 방법이다. 침용 과정이 전혀 없으므로 가벼운 로제 와인이 만들어진다.

스파클링 와인

별들의 향연이라고 멋드러지게 표현한 시인도 있듯이 스파클링 와인의 최대 특징이자 멋은 기포와 거품이다. 이 기포는 탄산가스 때문인데, 그럼 어떻게 와인에 탄산가스를 넣었을까? 스파클링 와인에 들어 있는 탄산가스는 자연 발생적인 것이다. 앞서 설명한 것처럼, 발효의 결과 탄산가스가 발생하는데 일반 와인은 이 가스가 방출되도록 하는 반면, 스파클링 와인은 이 가스를 모아 와인에 녹아들게 하는 것이다.

1차 알코올 발효가 끝나 드라이하게 변모된 화이트 와인에 다시 당분과 효모의 혼합액을 집어넣고 임시 병마개를 씌워 보관하면 재발효가 일어나는데, 이때 발생하는 탄산가스는 빠져나갈 곳이 없어 와인에 녹아들게 되고 와인은 발포성을 띠게 된다. 이처럼 개별 병 안에서 2차 발효를 시키는 프랑스

---- **위대한 떼루아(Grand Terroir)**

토양, 지형, 채광, 기후 등 모든 요소들이 잘 결합되어 여러 악조건을 물리치고 좋은 해건 나쁜 해건 훌륭한 품질의 와인을 생산해 내는 곳을 말한다.

샤또 라뚜르 프랑스 보르도 메독 지역의 양조장으로, 지롱드강 하구에 인접해 있어 온도 조절 효과가 탁월하며 완만한 경사지에 위치하고 있어 배수도 원활하다.

샹파뉴식 생산 방법과 커다란 압력 탱크에서 대량으로 2차 발효를 진행하는 탱크 방식으로 구분한다.

포도 품종과 와인의 스타일

와인은 100% 포도로 만들어진다. 따라서 재료가 되는 포도의 특성이 그대로 와인에 담겨지게 된다. 최근 뉴월드 와인을 중심으로 많은 와인들이 포도 품종의 이름을 레이블에 직접 표시하는 방법으로 소비자들에게 접근하고 있기 때문에 포도 품종에 대한 정보는 더욱 중요하다. 즉 포도 품종을 이해하는 것이 와인을 이해하는 빠른 길이다.

포도나무는 땅에 뿌리박고 사는 식물이다. 따라서 나무를 둘러싼 자연 조건의 영향에서 자유로울 수가 없다. 포도나무를 둘러싼 자연 환경이라면 토양·지형·기후가 가장 근본적인 것이며, 이들의 상호 작용에 의해 우리가 마시는 와인은 그 개성과 품질을 형성한다. 흙의 물리적 화학적 성분·일조량과 기온·강수량 등이 와인의 맛과 향·성격을 결정하며, 포도밭의 위치에 따라서도 나무의 성장은 영향을 받는다. 이렇게 한 포도밭을 특징지어 주는 제반 자연 환경과 그 총체적 조화를 프랑스인들은 '떼루아(Terroir)'라는 한 단어로 표현해 왔다. 프랑스, 이탈리아를 비롯한 유럽의 전통적 와인 생산 국가들은 이러한 자연 조건을 매우 중요시하며 이 조건에 맞는 포도 품종과 재배 방법을 조화시키며 와인을 생산해 왔다.

우리나라에서는 흔히 볼 수 없는 양조용 포도는 그 색상에 따라 적포도·청포도로 대별되며, 핑크빛이나 회색빛을 띠는 포도도 청포도에 넣는다. 생식용 포도와 달리 양조용 포도는 당도와 산도의 대비가 월등히 뛰어나며, 훨씬 작은 포도알 안에 맛과 향이 농축되어 있어 와인을 만들기에 적합하다. 먼저 레드 와인을 만들 수 있 는 적포도 품종에는 어떤 것이 있는지 알아보자.

주요 적포도 품종

까베르네 소비뇽(Cabernet Sauvignon)

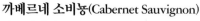

레드 와인에서 기대할 수 있는 기본적인 품질을 보장해 주는 품종으로 세계인의 아낌없는 사랑을 받고 있다. 두터운 껍질은 깊고 진한 색상과 풍부한 타닌을 주며, 블랙커런트·다크 체리·민트 향을 느낄 수 있다. 맛에서는 드라이한 미감과 견고한 구조, 묵직한 무게감을 갖는다. 오크 통 숙성을 통해 놀라운 장기 숙성 능력과 복합미를 배가시킨다. 전통적 재배 지역인 보르도 메독 지방 외에 유럽 각국에서도 점차 재배가 증가하며, 캘리포니아·칠레·호주·남아공 등 뉴월드 주요 와인 생산 지역에서 골고루 재배되고 있다. 강한 와인 스타일을 대변해 주는 고급 품종이다.

메를로(Merlot)

진한 색상과 풍부한 과일 향, 풍만한 몸집과 적절한 타닌으로 현대인의 사랑을 받고 있는 품종이다. 보르도 메독 지방에서는 까베르네 소비뇽의 거친 특성을 부드럽게 완화해 줄 목적으로 블렌딩되며, 생테밀리옹(Saint-Emilion)과 뽀므롤(Pomerol) 지역에서는 주품종으로 사용된다. 역시 세계적 차원에서 재배되며 모두에게 큰 만족을 주고 있는 고급 품종이다. 일반적으로 숙성이 빨리 되는 경향이 있으므로 일찍 마실 수 있으나, 프랑스의 뻬트뤼스(Pétrus), 이탈리아의 마쎄또(Masseto) 등 특급 와인들은 장기간 보관도 가능하다.

피노 누아(Pinot Noir)

연한 루비 색상에 산딸기, 크랜베리 등 새콤한 과일 향과 상긋한 장미 향이 일품이다. 향과 맛이 매우 감각적이며 상큼하고, 부드러우면서도 야생성을 가지고 있는 매력적인 와인을 만든다. 다른 품종들이 잘 자라지 못하는 서늘한 기후대를 선호한다. 프랑스 부르고뉴에서 세계 정상급의 레드 와인을 만들고 있으며, 미국 소노마 해안가와 오리건주, 뉴질랜드 등지에서도 좋은 결과를 보이고 있다. 대표 와인으로는 로마네 꽁띠(Romanée-Conti), 샹베르탱(Chambertin) 등

의 특급 와인이 있다. 샹파뉴 지방에서는 스파클링 와인의
주품종으로 사용된다.

시라(Syrah), 쉬라즈(Shiraz)

진하고 선명한 적보랏빛 색상이 일품이며, 풍부한 과일 향과
특히 향신료 향이 특징적인 와인을 만든다. 저가에서도 맛깔
나는 대중성 있는 와인을 생산하지만, 오크 숙성을 한 고급
와인은 장기 보관 능력까지 있다. 척박한 토양과 덥고 건조
한 기후를 선호한다. 주 재배 지역으로는 프랑스 론(Rhône)
강 유역과 남프랑스 전역이며, 호주에서는 국가 대표 품종으
로 자리 잡았다. 호주를 비롯한 뉴월드 생산권에서는 '쉬라즈'
라고 부르는 경향이 있다. 대표 와인으로는 프랑스의 에르미
타쥬(Hermitage), 꼬뜨 로티(Côte-Rôtie), 호주의 특급 와인인
그랜지(Grange)를 꼽을 수 있다.

네비올로(Nebbiolo)

이탈리아 북서부의 대표 토착 품종으로, 연한 레드 색상에
여린 몸매를 지녔으나 타닌만큼은 놀랍도록 풍부하고 칼칼
하다. 향에서도 송로버섯 향과 흙내음 등 깊고 음성적인 분
위기가 특징이다. 구조가 잘 잡힌 와인으로, 2~3년 안에 마
실 가벼운 와인부터 10년 이상 숙성을 요하는 강한 와인까지
다양한 품질의 와인을 만들어 준다. 대표 생산지로는 피에
몬태 지방의 바롤로(Barolo)와 바르바레스코(Barbaresco)다.
독특한 개성이 돋보이는 와인으로서 수준 높은 애호가층을
갖고 있다.

산지오베제(Sangiovese)

이탈리아의 대표 품종으로서 중서부 토스카나 지방의 주력
품종이다. 짙은 색상에 체리·블랙베리·볏짚단 향이 고풍스
러운 복합미를 이루며, 높은 산미에 적절한 타닌과 무게감이
균형을 이루는 준수한 레드 와인을 생산한다. 700여 년 역
사의 끼안티(Chianti) 와인과 견고한 브루넬로 디 몬탈치노
(Brunello di Montalcino), 비노 노빌레 디 몬테풀치아노(Vino
Nobile de Montepulciano) 등의 고급 와인을 만든다.

템프라니요(Tempranillo)

스페인의 대표 토착 품종으로서 스페인 전역에서 다양한 이름과 스타일의 레드 와인을 생산한다. 깊은 적색에 다채로운 과일과 향신료 향, 적절한 산미와 부드러운 타닌이 있는 매력적인 품종이다. 단독으로 만들어지기도 하고, 다른 토착종이나 시라, 까베르네 소비뇽 등과 블렌딩하여 새로운 이미지를 연출하기도 한다. 스페인 중북부의 리오하(Rioja)가 가장 전통적인 생산지며, 최근에는 중부의 리베라 델 두에로(Ribera del Duero)의 강하고 진한 와인이 각광을 받고 있다. 유명 와인으로는 베가 시칠리아 양조장의 우니코(Unico), 뻬스케라(Pesquera)의 하누스(Janus) 등이 있다.

그르나슈 누아(Grenache Noir)

스페인 원산 품종으로서 스페인 북동부, 프랑스 남부, 지중해 지역, 캘리포니아 등지에서 재배된다. 산도가 낮고 알코올 도수가 높기 때문에 단독으로 사용되는 경우는 드물고, 일반적으로 다른 품종과 블렌딩한다. 감미로운 과일 향과 이국적인 후추 향, 풍만한 보디감을 자랑한다. 스페인 리오하에서는 템프라니요와 블렌딩하며, 프랑스 남부 론에서는 시라, 무르베드르 품종과 블렌딩한다. 대표 와인으로는 샤또뇌프 뒤 빠쁘(Châteauneuf-du-Pape) 와인이 있다.

가메(Gamay)

매년 11월 셋째 목요일에 출시되는 '보졸레 누보(Beaujolais Nouveau)' 와인 때문에 갑자기 유명해진 품종이다. 프랑스 보졸레 지방의 화산 토양에서 최고의 자기 표현을 창출한다. 예쁜 루비 색상에 체리·자두·산딸기 등 상큼한 과일 향과 싱그런 산미, 향토적 풍미로 대표되는 보졸레 와인은 가볍고 향기로운 스타일에서부터 '10크뤼(Crus)'의 비교적 강한 스타일까지 소화해 낸다.

말벡(Malbec)

프랑스 남서부가 원산인 품종으로, 20세기 말부터 아르헨티나의 국가 대표 품종으로 자리 잡았다. 아르헨티나의 말벡 와인은 흑적색의 진한 색상에 잘 익은 오디·블랙 베리·체리 향, 초콜릿과 바닐라 향이 강렬하며, 진한 농축미에 힘찬 와인을 생산한다. 반면, 원산지 까오르 지역에서는 향신료 풍미에 시골스런 농장의 볏짚 내음에 깔깔한 타닌이 배인 특별한 개성을 가진 와인이 만들어진다. 보르도에서는 레드 와인에 사용되는 다섯 가지 품종 중 하나로, 소량 블렌딩되고 있다.

진판델(Zinfandel)

미국 캘리포니아만의 고유하고도 특색 있는 이미지를 보여주는 품종으로서 원산지 이탈리아 남동부 뿔리아 지방에서는 '프리미티보(Primitivo)', 크로아티아에서는 '트리비드래그(Tribidrag)'라는 이름으로 불린다. 19세기에 미국으로 전파되어 캘리포니아의 떼루아에 완벽하게 적응하며, 새콤달콤한 '화이트 진판델(White Zinfandel)'부터 가벼운 레드 와인을 거쳐 진하고 묵직한 풀 보디감의 '올드 바인(Old Vine Zinfandel)'까지 다양한 스타일의 와인을 생산한다.

주요 청포도 품종

샤르도네(Chardonnay)

전 세계에서 재배되고 있는 대표적인 청포도 품종으로서 아름다운 황금색에 오렌지·메론·버터 향이 우아한 드라이 화이트 와인을 생산한다. 서늘한 기후대에서 자란 샤르도네는 섬세하고 기품 있는 와인을 생산하며, 뜨거운 태양 아래 익은 샤르도네는 화려한 열대과일 향이 풍부한 진한 화이트 와인을 만들어 준다. 오크 숙성을 통하여 향의 복합미를 증진시킬 수 있으며, 화이트 와인 중에서는 가장 오래 보관할 수 있는 품종이다. 주산지는 프랑스 부르고뉴 지방이며, 캘리포니아와 호주, 남미 산지 등에서도 뛰어난 와인이 만들어진다. 대중적인 샤블리(Chablis)를 비롯하여 몽하쉐(Montrachet), 뫼르쏘(Meursault), 꼬르똥 샤를르마뉴(Corton-Charlemagne) 등 역사적으로 이름난 화이트 와인을 생산한다.

소비뇽 블랑(Sauvignon Blanc)

이 품종은 대단히 상큼하며 풋풋함이 넘쳐 흐른다. 청명한 녹색 빛을 띤 노란 색상에 갓 벤 풀 향·구즈베리 열매 향·라임 향이 인상적이며, 높은 산미에 쌉쌀한 미감이 강해서 입안에 싱그러움을 준다. 기후 변화로 인한 온난화와 자극적인 음식들과 잘 맞기에 최근 세계적으로 재배 면적이 급증하고 있다. 프랑스의 루아르 지방이 전통적 산지이며, 상세르(Sancerre), 뿌이이 퓌메(Pouilly-Fumé) 마을 와인이 유명하다. 보르도에서는 세미용 품종과 블렌딩하여 조화롭고도 안정된 느낌을 준다. 뉴월드권에서는 단연 뉴질랜드가 선두주자로서 파인애플과 패션프룻츠 등 열대과일 향이 넘치는 고유한 이미지의 와인을 생산한다.

세미용(Semillon)

보르도 지역에서는 일반적으로 소비뇽 블랑과의 블렌딩을 통하여 복합적 풍미와 안정된 무게감을 가진 드라이 화이트 와인을 생산하며, 호주에서는 거의 100% 단품종에 가깝게 생산되는 드라이 와인이 높은 산미와 강한 미네랄감이 있어 샤르도네의 좋은 대안으로 부각되고 있다. 아울러 보르도의 소테른(Sauternes) 지방에서는 강변의 특수한 기후에서 나타나는 특별한 곰팡이(Botrytis cinerea)에 의한 귀부 현상을 이용하여 높은 품질의 고급 스위트 와인을 생산한다. 유명한 스위트 와인 샤또 디켐(Château d'Yquem)도 이 품종을 80% 정도 사용한다.

슈냉 블랑(Chenin Blanc)

프랑스 루아르 지방의 대표 화이트 품종으로서 산미가 매우 높은 특성을 활용해 드라이, 세미 드라이, 스위트, 스파클링 등 다양한 스타일의 화이트 와인을 만든다. 정통 드라이 사베니에르(Savennières), 미디엄 드라이 부브레(Vouvray), 스위트 와인 본조(Bonnezeaux), 샹파뉴 방식으로 제조되는 크레망 드 부르고뉴(Crémant de Bourgogne) 등을 생산한다. 최근에는 남아프리카 공화국을 필두로 아르헨티나, 미국, 호주 등 뉴월드권 전체에서 대안 품종으로 재배하기 시작했다.

리슬링(Riesling)

고급 품종 중에서 가장 추위에 견디는 힘이 강한 리슬링은 고위도 지역인 독일과 프랑스 북동부에서 재배된다. 청명한 색상에 라임·레몬향과 특유의 석유 향이 인상적이며, 산미와 당미의 균형과 조화가 일품이다. 대표 산지인 독일 모젤(Mosel)과 라인가우(Rheingau) 지방에서 늦가을까지 조심스럽게 익혀 소량 생산되는 감미로운 맛의 와인은 그 어느 것과도 견줄 수 없는 명품이다. 반면, 프랑스 알자스 지방에서는 힘있고 드라이한 스타일의 리슬링이 만들어진다.

게부르츠트라미너(Gewurztraminer)

독일어로 '게부르츠(Gewurz)'는 향신료란 뜻이다. 장미·카모마일·사프란 등 향긋한 꽃과 허브·향신료 향이 화려하게 장식하고, 리치·망고 등 열대과일 향이 풍부하게 표현되는 부께는 대단히 이국적이다. 산도가 낮고 알코올이 높기 때문에 드라이 와인보다는 스위트 와인 생산에 적합하다. 늦가을까지 기다려 늦수확하거나 귀부 현상(Noble rot)에 걸린 포도로부터 달콤한 스위트 와인을 만든다.

와인과 실생활

와인 레이블

와인은 코르크 마개로 막혀 있기 때문에 열기 전에는 그 맛을 알 수 없다. 그렇다고 무턱대고 마셔 보면서 시행착오를 겪기에는 와인 값이 만만치 않다. 그러면 어떻게 병 안에 든 와인의 맛을 유추할 수 있을까? 일반적으로 식품을 살 때는 원산지, 재료, 첨가물, 제조일자, 생산자 등 포장지와 박스에 기재된 여러 가지 정보를 보고 구입하게 된다. 와인도 마찬가지다. 이렇게 중요한 내용이 레이블(Label)에 적혀 있다. 다만 와인의 경우에는 대개 외국어로 씌어져 있고, 전문 용어라서 공부가 좀 필요할 뿐이다.

와인의 레이블은 와인의 이력서다. 와인을 만드는 생산자는 모두가 이해할 수 있는 정해진 규정에 따라 와인의 레이블을 만들어 부착해 그 안에 든 와인에 대한 정보를 알려 주려 한다. 이 때문에 와인 생산 국가들은 소비자들에게 올바른 정보를 주기 위하여 관련 규정을 만들고 이를 엄격히 실행하고 있다.

레이블의 종류와 표시 정보

와인의 레이블은 그 위치에 따라 다음의 세 가지로 나뉘며, 각각 그 용도와 표시 정보가 약간씩 다르다. 먼저 전면 중앙 하단에 붙은 메인 레이블(Main label, Front label)에는 와인명, 지역명, 생산자 등 가장 중요한 정보가 표시된

와인의 레이블 특별한 와인의 레이블에는 역사와 문화, 문명이 깃들어 있다. 이 와인에서는 남미 안데스산맥을 중심으로 살았던 아라우카노(Araucano) 원주민의 여러 이미지들을 레이블에 담았다.

다. 가끔 병목 부분에 레이블(Neck label)이 붙어 있는 병을 볼 수 있는데, 이 경우 생산 연도와 생산 회사가 명시된다. 마지막으로 병 뒷면의 후면 레이블(Back label)에는 포도 품종, 양조법, 빈티지의 특성, 와인 서빙 시의 참조 사항 등을 개괄적으로 명기하고 있다.

그런데 모든 와인병에 이 세종류의 레이블이 다 붙어 있는 것은 아니다. 와인 생산 지역의 전통에 따라 있을 수도 있고 없을 수도 있다. 메인 레이블은 세계 모든 와인에 사용되지만 병목 레이블은 프랑스 보르도나 뉴월드 와인에는 사용되지 않고 프랑스의 부르고뉴, 론, 루아르, 알자스 지방과 기타 유럽 국가에서 부분적으로 사용된다. 후면 레이블은 최근에 등장한 것인데 상품 마케팅의 일환으로 소비자들에게 보다 자세한 정보를 주기 위한 것이다.

그러면 이 모든 레이블에서 가장 중요한 정보는 무엇일까?

원산지 명칭과 품질 등급

원산지 표기　와인 레이블에서 가장 중요한 정보는 '원산지' 표기다. 와인을 만드는 데 사용된 포도가 재배된 지역을 레이블에 명시하는 것인데, 유럽 지역에서는 초기부터 매우 중요하게 생각했으며, 지금은 뉴월드 생산 지역을 포함한 전 세계에서 강조하고 있다. 와인의 품질과 특성은 원산지의 기후와 토질, 생산 규정 등에 절대적인 영향을 받기에 고급 와인일수록 매우 상세하게 표현한다. 따라서 원산지 표기가 불분명한 와인은 상대적으로 고급 와인은 아니라는 해석도 가능하다. 원산지 표기는 넓은 지역 명칭보다는 좁은 지역 명칭으로 갈수록 품질과 개성이 뛰어난 고급 와인으로 인정받는다. 예를 들어 '서울 지명 표기' 와인보다는 '강남구 지명 표기' 와인이, 강남구 지명 표기 와인보다는 '논현동 지명 표기' 와인이 더 고급으로 인정받는다.

원산지 명칭(Appellation)　오랜 생산 역사를 가진 유럽의 대표 생산 지역에서는 자기 생산 지역의 전통과 명성을 지키고 소비자들에게 일관된 품질과 개성을 가진 와인을 만들기 위하여 고유한 생산 지침을 정하고 농업 관런 법률로 보호하고 있다. 한 원산지 명칭은 재배 지역, 재배 허용 포도종, 재배 방법, 수확량, 생산 방법, 블렌딩 비율 등을 구체적으로 명시하여 이 지침을 정확히 지켜 생산하는 와인에 해당 지역 원산지 명칭을 부여하는 제도다. 따라서 한 원산지 명칭에 속한 와인들은 어느 정도 비슷한 특성을 가지게 된다. 프랑스의 원산지 명칭인 AOP 제도의 예를 들어 보자. 보르도 지방의 뽀이약(Pauillac AOP) 와인은 건고하며 힘차고, 생쥘리앙(Saint-Julien AOP)은 조화롭고 짜임새 있으며, 마르고(Margaux AOP)는 섬세하며 우아하다. 결국 각국의 원산지 명칭의 이름과 그 특성을 알고 있다면 병 안에 들어 있는 와인의 맛을 어느 정도 유추할 수 있게 되는 것이다.

품질 등급(Classification)　세계의 각 와인 생산국에서는 자국 와인의 품질을 보존하고 관리하기 위하여 국가적 차원에서 일정한 규정을 만들고 특정 기구를 통하여 통제 관리하고 있다. 1935년 최초로 전국적 차원에서의 품질 관리를 시행한 프랑스의 모범을 따라 각국에서는 자국의 전통과 특성에 따라 약간씩 다른 등급과 용어를 사용하고 있다. 수직적으로는 피라미드 형태로 되어 있어 위로 올라갈수록 높은 품질의 와인들이며, 수평적으로 같은 등급 내의 수많은 지역은 각자 독특한 자연 조건과 품종을 가지고 있어 다양한 개성을 형성한다. 주로 유럽 국가들에서 활성화되고 있는데, 이를 정리해 보면 다음과 같다.

		프랑스	이탈리아	스페인	독일
상위	AOP(AOC)		DOCG	DOC	Prädikatswein(QmP)
			DOC	DO	Qualitätswein(QbA)
	IGP(Vin de Pays)		IGT	Vino de la Tierra	Landwein
하위	Vin de France		Vino da Tavola	Vino de Mesa	Tafelwein

레이블 기재 내용

복잡한 와인 레이블이 더욱 해독하기 난해한 이유는 각국의 언어로 적혀

위 유럽 와인 레이블에서는 'Chateau', 'Domaine', 'Podere', 'Castillo' 등 생산자 호칭이 등장하고 'Meursault 1er Cru Les Charmes' 등 원산지 명칭과 등급 명칭이 중요하게 표기된다.

2013

FLOWERS
Sonoma Coast

CHARDONNAY
SONOMA COAST

PYROS
VALLE DE PEDERNAL
APPELLATION

MALBEC

SAN JUAN-ARGENTINA

MONTGRAS
DE·VINE
RESERVA

CABERNET SAUVIGNON
CHILE

Kalleske
BAROSSA VALLEY

Moppa
Shiraz
2020
Barossa Valley

WINE OF AUSTRALIA

뉴월드 와인 레이블에도 원산지 명칭이 중요하게 부각되기 시작했다. 위 레이블에서는 'Sonoma Coast', 'Valle de Pedernal' 등을 찾아볼 수 있다. 그리고 뉴월드 레이블에는 '품종명'이 중요하게 등장한다.

있기 때문이다. 따라서 와인과 관련한 전문 고유명사들을 몇 가지 알아둔다면 와인 레이블을 읽고 이해하기 쉬울 것이다.

생산자, 양조장명 찾기 와인을 생산하는 양조장을 호칭하는 단어는 각 국가 내에서도 지방에 따라 다르고, 규모에 따라서도 다르다. 국가가 법으로 규정한 것은 아니며 단지 역사적 전통에 따라 해당 호칭을 사용해 온 경우가 대부분이다. 먼저 프랑스 경우를 보자. 보르도 지방에서는 샤또(Château), 부르고뉴를 중심으로 전국적으로는 도멘느(Domaine)라는 단어를 가장 많이 사용한다. 그 밖에 끌로(Clos), 마스(Mas), 꺄브(Cave), 메종(Maison), 비뇨블(Vignoble)이라는 표현도 곧잘 사용된다.

이탈리아에서는 아찌엔다 아그리꼴라(Azienda Agricola)가 범용으로 가장 많이 사용되며 각 지역과 전통에 따라 까스텔로(Castello), 떼누타(Tenuta), 파또리아(Fattoria), 깐띠나(Cantina), 뽀데레(Podere), 떼니멘띠(Tenimenti), 프로두또리(Produttori), 비티꼴또레(Viticoltore), 까쉬나(Cascina) 등이 사용된다. 스페인과 스페인어권(중남미)에서는 보데가(Bodega), 까스띠요(Castillo), 도미니오(Dominio), 비냐(Viña), 비녜도스(Viñedos) 등이 사용된다. 포르투갈어권에서는 낀따(Quinta)가 가장 널리 사용되며, 독일어권에서는 바인굿트(Weingut), 켈러라이(Kellerei) 등이 주로 쓰인다.

그 밖에 영어권에서는 와이너리(Winery), 에스테이트(Estate), 빈야드(Vineyards), 와인즈(Wines), 와인셀러스(Wine Cellars) 등이 사용되며 일부 양조장에서 그 뿌리가 유럽일 경우 모국어 표현을 사용하는 경우도 적지 않다. 예컨데 미국의 샤또 몬텔레나(Chateau Montelena), 도멘느 까네로스(Domaine Carneros) 등이다. 그런데 간혹 전면 레이블에서는 이러한 양조장 호칭이 생략되는 경우도 많다.

원산지명 찾기 앞서 설명한 바와 같이 와인 레이블에서 가장 중요한 정보 중 하나가 원산지 명칭이다. 정해진 규정에 의해 와인을 만드는 데 사용된 포도가 재배된 포도밭이 있는 지역을 레이블에 명시해야 한다. 이것은 특히 유럽 지역에서 매우 중요하게 생각했으며, 지금은 뉴월드 생산 지역도 점점 중요하게 표기하고 있다. 해당 와인의 품질과 특성은 원산지의 기후와 토질, 생산 규칙 등에 절대적인 영향을 받기에 고급 와인일수록 매우 상세하게 표현한다. 따라서 원산지 표기가 희미한 와인은 상대적으로 고급 와인은 아니라는 설명도 가능하다. 원산지명은 그 크기별로 대지역(지방, 주), 중지역(지역, 지구), 소지역(마을, 구역) 단위 포도밭으로까지 구분된다. 원산지 명칭은 모두 고유명사이기 때문에 전 세계 와인 생산지에 수만 개가 존재하며, 결국 모두 외워야 한다.

브랜드명 찾기 생산자명(양조장명)과 원산지명을 뺀 나머지 표기가 해당 와인의 브랜드명일 가능성이 크다. 와인을 위해 고유한 이름을 지어 사용하는 경우다. 프랑스에서는 '뀌베(Cuvée)'명이라고 부른다. 가족의 이름이 될 수도 있고, 생산자의 철학이 반영될 수도 있고, 와인이 만들어진 동기나 지역 전설 등의 내력에서 유래된 추상명사나 고유명사를 사용하는 경우도 있다. 예를 들어 이탈리아의 '라크리마 그리스티(Lacrima Christi, 그리스도의 눈물)' 와인은 그리스도의 눈물이 떨어져 포도나무가 자랐다는 전설에서 왔고, 독일의 '립프라우밀히(Liebfraumich, 성모의 젖)' 와인은 교회에서 가난한 신자들에게 와인을 제공한 데서 유래했다. 또한 와인과 관련된 사람의 이름을 사용하기도 하는데, 프랑스 샹파뉴의 품질에 크게 기여한 가톨릭 수사 뻬에르 뻬리뇽 신부의 이름을 딴 '뀌베 동 뻬리뇽(Cuvée Dom Pérignon)'이 가장 대표적이다.

생산 연도

와인의 생산 연도는 와인을 만드는 데 사용된 포도가 수확된 해를 뜻하며, 영어로 '빈티지(Vintage)', 프랑스어로 '밀레짐(Millésime)'이라 한다. 생산 연도가 중요한 이유는 포도의 발육과 숙성을 좌우하는 매해의 기후 조건이 다르기 때문이다. 일반적으로 포도나무가 성장하고 열매가 성숙하는 시기에 충분한 일조량과 적은 강우량이 최적의 조건인데, 이 기상 조건들이 매해 일정하지가 않다. 와인 산업계의 전문가나 전문기관에서는 매해 전 세계 주요 와인 생산 지역의 기상 조건을 분석하고 100점 만점제로 그해 빈티지의 품질을 평가해 기록한다. 물론 전반적으로 좋은 해에서도 결점이 나타날 수 있으며, 흔히 좋지 않은 해의 와인이라도 훌륭한 맛을 간직하고 있는 와인을 발견할 수는 있다. 따라서 '나쁜 빈티지 와인'이라는 것은 없고, 단지 '개성과 특성이 다른 빈티지 와인'이 있을 뿐이다. 빈티지 차트는 인터넷 검색으로 쉽게 찾을 수 있다.

와인의 구매와 보관

구매 경로

와인 소비가 늘어남에 따라 다양한 장소에서 와인을 쉽게 접할 수 있게 되었다. 모든 구매 장소는 그 나름의 장점과 단점을 가지고 있다.

우리나라에서 와인을 살 수 있는 공간은 실매장밖에 없다. 실매장이라면 마트나 백화점 와인 코너에서부터 개인 상점까지 다양한 실제 공간을 말한다. 외국에서는 인터넷 등을 통해서 온라인 판매로 와인을 구매할 수 있지만, 우리나라에서는 청소년 보호 차원에서 금지하고 있다. 다만 국산 와인은 전통주로 분류되어 농가 소득 향상 차원에서 통신판매가 허용된다. 그럼 몇 가지 구매 장소의 장단점에 대해 알아보자.

호텔, 백화점의 와인숍이나 델리숍   우리나라에서는 가장 오래전부터 와인을 판매해 온 곳이다. 주차가 편하고 안락한 분위기에서 와인을 고르는 기분은 좋지만 와인 가격이 높은 것이 흠이다. 그런데 백화점에서는 정기적으로 장터 행사도 많이 하기 때문에 이 기회를 이용하면 좋은 가격에 구입할 수 있기도 하다. 아울러 델리숍도 근처에 함께 있기 때문에 식도락을 즐기는 사람들이 원스톱 쇼핑을 하기에 편하며, 순환이 빠른 편이라 식품류의 신선도도 높다.

전문 와인숍   코로나 팬데믹으로 인한 거리두기를 겪으면서 집에서 와인을 마시는 소비 경향과 함께 대도시권의 와인 전문숍이 많이 생겨났다. 전에는 시내 중심이나 특별한 구역에만 와인숍이 있었지만, 최근엔 동네마다 와인숍이 많아졌다. 전문적 지식과 편리한 구매 서비스를 갖추었으며, 와인 종류도 많다. 특히 특정 국가나 특정 테마 중심의 전문숍을 지향하고 있는 곳도 있어서 매우 반갑고 고무적이다. 회원 가입을 하거나 연락처를 남겨 주면 행사 있을 때마다 구매 정보를 문자로 보내 준다. 적합한 가격에 보관 상태 좋은 와인을 접할 수 있는 장소다.

전문 와인숍 진열장의 고급 와인과 매장 가운데의 일반 와인이 적절히 배치되어 있으며, 중앙에 오크 통 장식을 두어 와인숍의 이미지를 부각시키고 있다.

대형 마트와 편의점 대형 마트의 와인 코너가 혁신적으로 진화하고 있다. 매장이 넓어지고 와인 가짓수가 늘어났으며, 저렴한 와인에서 고가 와인까지 구색을 온전히 갖추었다. 판매 직원들의 전문 지식도 상당하다. 가격이야 가장 경쟁력을 갖추었다. 장 보러 간 김에 장바구니에 한 병씩 넣어 보자. 또한 24시간 편의점에서도 와인을 판매하고 있다. 전에 비해 종류와 품질이 몰라보게 좋아졌다. 시간 제한 없이 집 가까운 곳에서 구입할 수 있다는 것이 최대 장점이며, 스마트폰 자사 앱을 이용한 판촉 행사도 많이 하고, 가격도 합리적이다. 편의점은 체인점 형태로 전국에 분포해 있어 특히 지방분들을 위한 좋은 대안이 될 수 있다.

와인 구매 와인을 구매할 때는 신뢰가 가는 와인숍에서 레이블 정보를 잘 읽어 보고 구입하면 실패할 확률이 적다.

해외 와인 산지 현지 구입 와인 투어 때 직접 양조장을 방문해 양조 시설도 견학하고 지하 셀러에서 시음도 해 보고 구입하는 것이다. 이국적인 분위기가 최고며, 함께 여행하는 동료들과 낭만적 대화를 나누며 현지 음식과 함께 마셔볼 수 있다. 최고의 장점은 병입한 후 한 번도 밖으로 이동한 적이 없는 와인들이기에 와인 보관 상태가 가장 완벽한 곳이다. 따라서 중고가 와인 중심으로 구매하기를 추천한다. 다만 계속 이동을 해야 하는 해외여행의 속성상 여정의 마지막 즈음에 구입하는 것이 좋겠다.

와인 구매 요령

와인은 살아 있는 신선한 식품과 같다. 와인 병이라는 좁은 공간 안에서 외부의 보관 여건에 민감하게 반응하며 자신을 진화시킨다. 신뢰를 줄 수 있는 와인숍이라면 이러한 와인의 보관 여건을 잘 갖추어야 한다. 고객의 눈에 잘 띄게 하기 위해 진열장에 너무 강한 빛을 쐬고 있지는 않은지, 병은 뉘어서 보관되어 있는지, 실내 가 너무 덥거나 춥지는 않은지, 강한 향료나 화학물질 냄새가 지속적으로 나는지, 진열대가 견고한지, 와인에 대한 정보가 잘 마련되어 있는지 등 다방면으로 살펴보자.

와인숍의 신뢰도에 믿음이 가면 이제는 신선하고 좋은 와인을 구입하는 문제가 남아 있다. 우선 병목의 PVC 캡슐 주변이 청결한지 주의 깊게 살펴보고 한번 가볍게 돌려 보자. 보관상의 높은 온도 조건으로 간혹 와인이 분출될 수 있는데, 그 경우 분출된 와인이 PVC 캡슐에 달라붙어 잘 돌아가지 않는다. 물론 출고 때부터 강하게 조여서 잘 돌아가지 않는 정상 와인도 있으니, 절대적인 기준은 아니다. 다음으로 레이블의 청결도도 확인해 보고, 무엇보다 레이블에 씌어져 있는 정보를 정확히 이해한다. 경우에 따라 해당 와인을 수입한 회사의 평판과 보관 창고 조건 등도 알고 있으면 완벽하다.

좋은 빈티지해의 중간 품질 와인을 구입하는 것도 현명한 방법이다. 때로 큰맘 먹고 구입한 고급 와인이 실망을 줄 수도 있는데, 좋은 기후 조건에서 튼실하게 자란 좋은 빈티지해의 중간 품질 와인은 가격 대비 품질이 뛰어나다. 물론 좋지 않은 빈티지해라도 고급 그랑크뤼 와인은 그래도 건장한 편이긴 하다. 또한 와인은 포도 품종과 제조 방법에 따라 그 보존 기간이 달라질 수 있다. 까베르네 소비뇽 품종으로 만든 와인은 상대적으로 오래 보관할 수 있으나, 피노 누아나 갸메로 만든 와인은 그렇지 못한 편이다. 똑같이 10년 된 와인을 구입했을 때, 까베르네 소비뇽은 아직 마실 만하나 갸메는 시음 적기가 이미 지났을 수 있으니 주의해야 한다는 의미다.

───── 실패하지 않을 와인 구입 요령(외관만 보는 경우)

병목 부위의 PVC 캡슐이 청결하고 잘 돌아가는 것, 레이블이 청결하고 얼룩지지 않은 것, 품종이나 가격에 비해 너무 오래되지 않은 것, 윗부분 와인의 수위가 너무 내려가지 않은 것을 고른다.

운송과 이동

와인은 진동에 특히 민감하므로 장거리 운반 후에는 최소한 2~3일 이상 쉬게 한다. 그래서 미리미리 계획성 있게 와인을 준비해 두는 사람은 그 품질로서 보답을 받게 될 것이다. 때로 구입해서 바로 마시면서 와인의 품질이 이상하다고 평하는 사람이 있는데, 와인이 자신의 기량을 100% 발휘하도록 추스릴 수 있는 시간을 주는 인내심이 필요하다. 또한 겨울이나 여름에 차 안에 와인을 오래 방치해 두면 영하의 추위와 50℃ 이상의 고온을 견뎌야 하는 와인의 고충을 생각해야 한다. 특히 한여름에는 뙤약볕에 세워둔 차의 실내 온도는 매우 높아지므로 와인의 부피가 빠르게 팽창하여 쉽게 분출된다는 것을 기억하자. 따라서 여름에는 차를 지하나 그늘에 세워두거나 여건이 안 되면 와인을 들고 다니며 일을 보아야 한다.

와인 보관 조건

와인 저장 조건은 와인의 보관과 진화를 위해 매우 중요하다. 먼저 온도는 와인 저장에 있어 가장 중요한 요인이다. 온도가 너무 높으면 조기 성숙되며, 정상적인 진화 향이 형성되지 않는다. 또한 온도가 너무 낮으면 진화와 숙성이 진행되지 않는다. 최적 온도는 13℃ 전후이나 일반적으로 허용될 수 있는 온도의 범위는 10~20℃ 정도다. 또한 온도 수치 그 자체도 중요하지만 온도를 일정하게 유지해 주는 항온 개념도 역시 중요하다.

습도는 높아도 안 되고 낮아도 좋지 않다. 너무 습하면 레이블과 코르크 마개를 손상시킨다. 곰팡이가 마개에 번식하게 되며, 그 냄새를 와인에 전할 수 있다. 주변 습도가 너무 건조하면 코르크 마개가 말라 수축하게 되며, 결국 와인이 새어 나올 수 있다. 또한 병 안으로 공기가 들어가게 되며, 와인이 조기 산화될 수 있다.

와인은 반드시 눕혀서 보관해야 한다. 코르크가 항상 와인에 적셔 있도록 눕혀 있어야 코르크가 건조해지지 않고 밀봉성을 유지하게 된다. 와인을 세

천연 지하 와인셀러

워서 오래 두면 와인과 분리된 코르크가 건조해지게 되고 수축되어 밀봉성이 떨어진다. 그러면 병 안으로 공기가 들어가거나 눕히면 와인이 샐 수가 있다. 최근에 나오는 스크류캡 와인도 눕혀서 보관하는 것이 밀봉에 유리하다.

또한 와인은 빛에 민감하다. 빛에 오랜 시간 방치해 두면 황 성분이 합성되어 황화물이 생성되고, 결국 불쾌한 냄새가 나게 된다. 유색 코팅된 병이나 간접 조명 효과로 이를 어느 정도 예방할 수 있지만, 일단 저장소는 어두워야 한다. 그리고 정기적인 진동이나 와인병을 자주 움직이는 것은 와인을 피곤하게 하여 안정된 숙성을 방해할 수 있다. 마지막으로 냄새가 없는 곳이 좋다. 강한 냄새는 코르크 마개를 통하여 와인에 전달될 수 있다. 환기를 잘 시켜 나쁜 냄새가 고여 있게 하지 말자.

---- 와인의 올바른 보관

* 적정 온도 12~15℃　　　* 적정 습도 70~80% 내외　　　* 어두운 곳에 눕혀서 보관

아파트나 주택의 와인 보관

앞에서 설명한 바와 같이 와인 보관은 매우 까다롭다. 특히 가장 중요한 조건인 온도는 우리나라의 일반적인 아파트 중심의 주거 환경에서는 어느 공간이든 만족지 못하다. 지구 온난화로 인한 기상 이변은 폭염 기간을 더욱 길게 하여 와인 보관은 점점 어려워지고 있다. 외국의 경우엔 아파트에도 보통 지하실이 딸려 있어서 몇 개월 정도는 무리 없이 와인을 보관할 수 있으나, 우리나라에서는 지하실을 갖추고 있는 경우가 흔하지 않다. 그리고 지하실이 있다 하더라도 주로 창고로 쓰기 때문에 냄새가 많이 나서 와인 보관 창고로는 적당하지 않은 조건이다. 그럼 어떻게 와인을 보관할까? 일반 주택이나 아파트에서는 가장 서늘하고 어두운 공간을 찾아서 그곳에 보관할 수밖에 없으며, 장기 보관은 아예 포기하고 한 달 이내에 소비할 와인을 그때그때 사는 수밖에 없다.

전용 와인셀러

결국 가장 좋은 대안은 항온을 유지할 수 있는 전용 와인셀러를 구입하는 것이다. 예전에는 꽤 고가품이었으나 다행히도 와인 소비가 늘어나면서 다양한 중저가 제품들이 출시되고 있다. 그럼 전용 와인셀러를 잘 고르는 요령은 무엇일까? 일단 큰 것을 선택한다. 크기가 2배 크다고 가격이 2배 비싸지 않다. 그리고 '100병들이'라고 써 있어도 실제로는 70~80병 정도밖에 들어가지 않는다. 와인병들이 모양과 크기가 제각각이기 때문이다. 또한 판촉 행사할 때 가격 좋은 와인을 많이 구매해 두려면 큰 셀러가 필요하다. 이 책을 사서 읽을 정도로 와인에 관심이 있다면 최소 50병 이상 용량을 추천한다. 둘째, 셀러의 폭보다 '깊이'에 신경을 쓰자. 요즘 나오는 와인병들은 길이가 긴 것이 많아졌다. 셀러 깊이가 얕으면 한 칸에 2열씩 많이 넣기가 힘들다. 셋째, 셀러 상하단의 보관 온도가 다르게 조절된다고 홍보하는 것들을 굳이 살 필요 없다. 온도는 보관에 최적인 13℃ 단일 온도만 유지되면 완벽하다. 레드 와인은

플래닛 와인셀러 덴비스
PWC-N009W/B

각종 와인셀러 천연 지하 셀러가 없는 우리나라에서는 와인을 보관하기가 마땅하지 않
다. 그러므로 와인셀러는 같은 온도와 습도를 유지할 수 있는 최적의 보관 장소가 된다.

국내에서도 와인셀러는 실용성을 넘어 실내 인테리어의 하나로 점차 자리 잡아 가고 있다.

마시기 30분 전에 미리 꺼내 두면 되고, 스파클링 와인은 아이스버킷을 사용해 20분 추가 칠링시키면 된다. 그 또한 와인 마시는 재미다.

와인의 숙성력과 시음 적기

와인의 진화 곡선

와인은 '살아 있기에' 끊임없이 진화하며, 그 향과 맛이 최절정일 때가 있고, 그 시기를 지나 하락할 때가 있다. 최적기 전에 마시는 아쉬움과 한물간 후에 마시는 서운함을 갖지 않기 위해 해당 와인의 시음 적기를 알아둘 필요가 있다.

모든 생명체와 마찬가지로 와인도 진화 곡선을 갖는다. 청춘기에는 신선하고 풋풋한 향을 즐길 수 있으나 아직은 여물지 않은 풋내가 있으며, 미감이 거칠고 강할 수 있다. 완숙된 최적기에는 오묘한 부께와 균형 잡힌 미감을 느낄 수 있으며, 퇴색기에는 탈색된 색상과 애잔한 향, 힘을 잃은 피곤함이 입에서 전해져 온다.

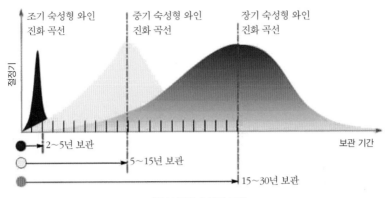

와인의 품질과 진화 곡선

- 조기 숙성형 와인 : 소비자가 5만 원대 이하의 와인들로, 구입 후 추가 보관 및 숙성이 필요없이 바로 소비할 와인들이다.
- 중기 숙성형 와인 : 소비자가 10~30만 원대 와인들로, 10~20년의 추가적인 보관과 숙성이 가능하다.
- 장기 숙성형 와인 : 소비자가 50만 원대 이상의 고가 와인들로, 서서히 익어 절정에 다다르고, 절정에 이르러서도 품질을 오래 유지하며, 쇠락기에도 우아함을 잃지 않는다.

와인의 숙성력

그럼, 와인의 보관과 숙성에 영향을 미치는 요인은 무엇이 있을까?

우선 와인의 성분에서 살펴 보자. 산도가 높고, 타닌이 풍부하고, 당도가 높고, 알코올이 높으면 장기 숙성할 가능성이 높다. 이런 성분들은 와인에 힘이 되고 골격이 되기 때문이다. 좋은 떼루아, 우수한 포도밭에서 소량 생산된 포도로 만든 와인은 고품질과 장기 숙성력을 가질 가능성이 크다. 양조할 때, 침용 추출 과정을 충분히 거친 와인과 오크 통에서 잘 다듬어진 와인은 장기 숙성할 구조를 가질 수 있게 된다. 우수한 빈티지해에 탄생한 와인은 상대적

으로 장기 숙성할 가능성이 높다. 작은 병에 담긴 와인보다는 큰 용량의 병에 담긴 와인이 장기 보관에 더욱 적합하다. 잦은 이동과 온도 변화를 겪을 가능성이 적기 때문이다. 마지막으로 보관 장소의 여건이 매우 중요하다. 장기 숙성할 수 있는 모든 호조건을 가졌다 할지라도 앞에서 언급한 와인 보관 6대 조건을 제대로 지키지 못하면 숙성력을 잃게 된다.

와인병의 모양과 크기

고대의 암포라 진흙 토기 용기에서 오크 통을 거쳐 현대의 유리병으로 와인을 담아 보관하고 유통하는 용기는 발전해 왔다. 현대 와인병은 눕혀서 보관할 수 있도록 기본적으로 길쭉한 모양을 하고 있다. 그러나 각 와인 생산 지역의 전통과 와인 타입, 스타일에 따라 다채로운 변형을 볼 수 있다.

병의 크기와 명칭

표준 와인병의 용량은 750ml이며, 반병(Half-Bottle, 375ml), 매그넘(Magnum, 1.5L) 등이 시판용으로 주로 사용된다. 그 밖에 대용량 병들은 특별한 주문이 있거나 장기 보관용 와인을 위해 사용된다. 특수 용량 병으로는 프랑스 뱅존느(Vin Jaune, 620ml), 헝가리 토까이(Tokaji, 250·500ml) 등이 있다.

병의 크기와 와인 숙성의 상관 관계

큰 병일수록 상대적으로 이동과 진동의 기회가 적어 '안정적 숙성'이 가능하며, 와인 용량이 커서 주변 온도의 변화에 덜 민감하므로 항온이 유지되어 안정적인 숙성에 더욱 유익한 효과를 볼 수 있다. 경매에 나오는 와인들은 주로 대형 병 와인이다.

보르도 타입

가장 전통적인 원통형 모양으로, 병 어깨 선이 뚜렷하여 침전물이 곧바로 따라 나오는 것을 예방할 수 있다. 프랑스 보르도, 이탈리아 토스카나, 뉴월드 까베르네 계열 와인에 주로 사용된다.

버건디 타입

표준형 와인병으로, 병 어깨 선이 부드러워 침전물이 많이 발생하지 않는 와인을 담는다. 프랑스 부르고뉴·론·루아르, 이탈리아 피에몬테, 뉴질랜드 등지에서 사용되며 품종으로는 피노 누아·샤르도네 등이 주로 병입된다.

플르트 타입

길고 날씬한 형태로, 눈에 잘 띄는 병이다. 전통적으로 독일과 알자스 지역에서 사용되며, 품종으로는 리슬링 와인이 주로 병입된다. 뉴월드 국가에서도 리슬링을 생산하면 이 병에 담는다.

스파클링 타입

강한 압력을 가진 발포성 와인을 위해 두툼하게 제작된 병으로, 묵직하다. 프랑스 샹파뉴를 비롯한 모든 스파클링 와인을 담는다.

아이스 와인
매우 가늘고 긴 모양이 특징적이다. 독일에서 생산량이 적은 귀부 스위트(TBA), 아이스바인(Eiswein) 등을 담는다. 캐나다 아이스 와인병은 약간 어깨 각이 들어 있다.

복스보이텔(Bocksbeutel)
복주머니처럼 생긴 와인병으로, 독일 프랑켄(Franken) 지방의 전통 병이다.

암포라 타입
허리가 잘록한 예쁜 병으로, 주로 로제 와인에 많이 사용된다. 프랑스 프로방스 로제 와인에 많이 사용된다.

와인 즐기기 : 와인의 맛과 멋

올바른 와인 서비스

와인이 다른 주류에 비해 마시기 복잡하게 느껴지는 이유 중 하나는 바로 와인 서비스의 어려움 때문일 것이다. 와인을 마시기까지 준비해야 할 것과 마시면서 지켜야 할 것들이 있기 때문이다. 그러나 각 단계의 준비 작업과 소요되는 다양한 기물은 와인 시음의 기쁨을 배가시키기 위해 필요한 것이다. 번거롭다고 느끼기보다는 준비하는 즐거움으로 생각하자.

음용 온도

화이트 와인은 보통 시원한 온도로 마시는데, 이는 청량감과 상큼한 과일 향을 즐기기 위해서다. 산도가 높은 화이트 와인일수록 온도를 낮추어 마시면 거친 산도의 느낌을 완화시킬 수 있다. 화이트 와인이라고 무조건 차게 마시는 것은 아니다. 풀 보디 고급 화이트 와인은 상대적으로 덜 차가운 온도에서 마시는 것이 좋다.

반면, 레드 와인의 타닌 성분은 낮은 온도일 때 그 떫은 느낌이 거칠게 느껴지므로 상대적으로 높은 온도에서 마시는 것이 좋다. 또한 잘 익은 과일의 풍성한 향과 레드 와인 고유의 복합적인 향을 즐기기 위해서라도 온도를 다소 높여 주는 것이 필요하다. 그러나 20℃ 이상이 되면 알코올이 강하게 느껴지므로 좋지 않다.

한편, 달콤한 스위트 와인은 진한 감미가 부담스럽게 느껴지지 않도록 매우 차가운 온도에서 마시는 것이 편하고, 스파클링 와인은 미세한 기포와 풍부한 거품·조밀한 포말감을 살리고 청량감을 최대한 강조하기 위하여 차가운 온도에서 마신다.

온도 맞추기

화이트 와인과 스파클링 와인은 아이스 버킷(Ice Bucket)에 얼음과 물을 가득 채우고 병을 깊숙이 잠기게 넣어 둔다. 아이스 버킷이 없을 경우에는 냉장고에 2시간 정도 넣어 두어 온도를 낮추는 방법도 무방하다. 레드 와인은 와인셀러에

아이스 버킷   아이스 버킷은 스파클링 와인이나 화이트 와인, 스위트 와인의 음용 온도를 급속히 낮추고 유지하기 위한 용도로 사용된다.

서 30분 전에 빼내어 침전물이 바닥에 가라앉도록 세워 둔다. 실내 온도에 의해 자연스럽게 마시기에 편한 온도에 이르면 서빙한다. 고급 와인의 경우에는 필요에 따라 디캔팅이나 브리딩(Decanting & Breathing)을 실행한다.

종류별 와인의 권장 음용 온도

와인 종류	스위트& 스파클링	가벼운 화이트	묵직한 화이트	로제	가벼운 레드	보통 레드	묵직한 레드
온도 ℃	6~8	10~12	12~14	12~14	15~16	17~18	19~20

개봉 및 코르크 마개 제거

먼저 병을 잘 닦아 준다. 그런 다음 병목 부분을 감싸고 있는 PVC 캡슐 포일

코르크 오픈 다양한 종류의 코르크 따개가 시중에 판매되고 있는데, 사진의 '소믈리에 스크류'가 가장 보편적인 것이다.

을 벗긴다. PVC 캡슐은 병 입구와 코르크 마개를 보호하기 위한 위생적인 목적으로 씌워져 있다. 캡슐 상부가 드러난 부위를 깨끗한 천으로 잘 닦아 주고, 코르크 스크류를 코르크의 중앙에 힘있게 잘 꽂아 돌린다. 이때 스크류가 코르크를 관통하지 않도록 꽂는 깊이를 조절한다. 빠져 나온 코르크는 돌려 가며 잘 확인하고, 아래쪽 와인 접촉면의 냄새를 맡아본다. 코르크의 상태로 와인의 보관 및 위생 상태, 정품 여부를 파악할 수 있기 때문이다. 때로 코르크 자체 냄새, 곰팡이 냄새 등이 심할 경우는 와인이 상했을 가능성이 있으니 유의해야 한다. 이를 '코르키(Corky) 상태'라고 한다. 다시 한 번 병목의 안팎을 천으로 깨끗하게 닦고, 와인의 현 상태를 확인하는 약식 테이스팅을 실시한다.

음용 순서

한자리에서 여러 와인을 마실 때는 와인의 음용 순서가 매우 중요하다. 타입과 스타일에 따라 각 와인은 맛의 특성이 다르기 때문에 가능하면 먼저 마신 와인이 뒤에 마신 와인의 향과 맛을 방해하지 않도록 하기 위함이다. 일반적으로 스파클링 와인, 화이트 와인, 로제 와인, 가벼운 레드 와인, 강한 레드 와인 순으로 마신다. 몇 가지 대원칙을 정리해 보면 다음과 같다.

와인병 잡는 요령 스파클링 와인이나 화이트 와인은 손을 통한 온도 상승을 막기 위해 병과의 접촉 면적을 최소로 한다.

- 약한 와인 → 강한 와인
- 드라이 와인 → 스위트 와인
- 단순한 와인 → 복합 미묘한 와인
- 미숙성 와인 → 숙성된 와인

남은 와인의 보관

일단 공기가 들어가면 와인은 산화되어 향과 맛이 변하기 시작한다. 따라서 개봉한 와인은 1~2일 안에 다 마셔버리는 것이 좋다. 그러나 며칠 더 두었다가 다시 음용하려면 몇 가지 조치가 필요하다. 가장 효과적인 방법은 진공마개로 막아 서늘한 곳에 보관하는 것이다. 고무 패킹을 병 입구에 꽂고, 진공펌프로 공기를 뽑아내면 된다. 이런 장비가 없을 경우에는 코르크로 다시 잘막아 냉장고 문 쪽에 세워 보관하는 수밖에 없다.

—— 디캔팅(Decanting)

가끔 고급 식당에 가보면 와인을 호리병 모양의 예쁘장한 유리병에 따라 두었다가 서빙하는 것을 볼 수 있는데, 이 과정을 '디캔팅'이라고 한다. 디캔팅을 실행하는 이유는 대략 두 가지다. 첫째는 침전물 제거 목적이다. 장기 숙성한 고급 포도주는 오랜 보관 기간을 통하여 색소·타닌·주석산염 등 침전물이 생길 수 있는데, 미관상 또는 미감상의 이유로 미리 거르는 것이 안전하다. 두 번째 목적은 향의 발산과 미감의 개선을 위해서다. 주로 고품질의 타닌이 강한 미숙성 와인이 그 대상이다. 장기 숙성형 고급 와인은 초기 단계에서는 때로 거칠게 느껴지고 향이 닫혀 있는 경우가 있으므로 향을 열어 주고 맛을 부드럽게 하기 위해 산화를 촉진시키는 것이다. 이 두 번째 목적의 디캔팅은 '브리딩(Breathing)'이라는 전문적인 용어로 표현하기도 한다.

다양한 모양의 디캔터 왼쪽에 있는 것은 오래된 와인의 침전물을 거르기 위한 것이고, 오른쪽 디캔터는 미숙성된 강한 와인을 환기, 순화시키기 위한 것이다.

스파클링 와인의 개봉 및 서빙

스파클링 와인은 높은 압력을 가지고 있기 때문에 특별한 주의가 필요하다. 압력을 높이지 않기 위해 조심스레 병을 다루어야 하며, 낮은 온도로 안정시킨 뒤 개봉해야 한다. 스파클링 와인의 적정 서빙 온도는 6~8℃로 와인 종류 중에서는 가장 낮은 편이다.

얼음과 물을 적당히 섞은 아이스 버킷에 비스듬히 눕혀 차갑게 한다. 15~20분 후 적정 온도에 도달하면 개봉을 한다. 물기를 잘 닦고, 사람이 다치지 않도록 병 입구 방향을 잘 관리하면서 조심스럽게 코르크를 감싼 철사망(Muselet)을 푼다. 일단 철사가 풀려 나가면 이 순간부터 절대로 마개 잡은 손을 놓아서는 안 된다. 만일의 사태를 대비하기 위해 린넨천을 사용해 코르크를 잡아도 무방하다. 한 손으로는 코르크를 확실히 잡고, 다른 손으로 '병을 돌린다'.

코르크가 빠져 나오기 시작하면 병의 움직임을 멈추고, 서서히 코르크 잡은 손의 힘을 풀어 주며 아래쪽으로 열어 가스가 새게 하여 '펑!' 소리가 나지 않게 조심스럽게 개봉한다. 병은 45°로 기울인 상태에서 개봉해야 거품이 뿜어나오지 않는다.

와인 병을 잘 닦고 사람이 다치지 않도록 병 입구 방향을 잘 살피면서 조심스럽게 철사를 푼다.

병 바닥의 깊이 패인 부분을 활용하여 잡으며, 거품이 넘치지 않도록 두 번에 나누어 따른다.

고급 보르도 레드 와인 잔 　　고급 부르고뉴 레드 와인 잔 　　고급 화이트 와인 잔 　　　고급 샹파뉴 잔

와인 글라스(Stemware)

어떤 잔이 와인을 마시기에 적합할까? 어떤 잔이 와인을 음미하기에 좋을까? 와인은 오감을 만족시키는 기호품이다. 아름다운 색상과 풍부한 향, 다채로운 맛이 있는 식품이다. 따라서 어떤 잔에 담아 마시느냐에 따라 와인의 맛이 달라질 수 있다.

와인 시음에 적합한 잔

첫째 '보기' 편해야 한다. 와인 잔은 맑고 투명한 유리로 만들어져 아름답고 선명한 색감을 흠 없이 볼 수 있어야 한다. 고급 재질로 만들어져 얇고 날렵하다면 더욱 좋다. 각이 진 잔, 색깔이 들어 있는 잔, 두꺼운 잔은 적절치 않다.

둘째 '맡기' 편해야 한다. 와인의 풍부한 향은 공기와의 접촉 면적이 충분할 때 와인을 흔들어 향을 강제 발산시킬 수 있을 때 보다 확실하게 표현될 것이다. 따라서 충분한 볼륨을 가지고 있어야 하며, 지나치게 작은 잔은 적당치

일반 보르도 레드 와인 잔　　　일반 부르고뉴 레드 와인 잔　일반 스파클링 와인 잔　전문 테이스팅 전용 잔

않다. 그리고 그 향이 바로 날아가지 않고 머물 수 있도록 잔의 윗부분으로 올라갈수록 좁아지는 형상을 띠고 있어야 한다. 그렇다고 잔의 윗지름이 너무 좁으면 마시기에 불편하다는 것도 염두에 두자.

셋째 '마시기' 편해야 한다. 입술이 닿는 와인 잔의 가장자리(Rim)가 깔끔하게 깎여 처리되었다면 와인의 흐름도 부드럽고, 입술과 혀에 닿는 촉감도 상쾌할 것이다. 위의 사진을 보면 와인의 특성과 스타일에 따라 와인 잔 가장자리의 모양이 약간씩 다르게 처리되어 있는 것도 알 수 있다.

마지막으로 '잡기' 편해야 한다. 넓고 안정적인 잔 받침과 길고 날렵한 다

—— 와인 잔 세척 TIP

와인 잔은 온수에 중성 세제와 부드러운 스폰지를 사용하여 오물을 닦아 내며, 마지막 헹굼 물은 뜨거운 물을 사용하면 증발 현상을 이용해 쉽게 물기를 닦아 낼 수 있고 광이 잘 살아난다.

리(Stem)가 있는 잔이라면 테이스팅에 따르는 여러 가지 움직임에도 편안하게 안전을 확보할 수 있겠다. 와인 잔을 잡을 때는 가급적 다리 밑부분을 잡아 볼을 더럽히지 않도록 한다.

용도에 맞는 와인 잔 선정

레드 와인은 타닌과 풍부하고도 깊은 향이 장점이므로 타닌을 부드럽게 하고 다양한 향이 잘 표출될 수 있도록 잔 내부 볼륨이 넉넉한 것이 좋다. 화이트 와인은 신선미와 청량감이 생명이므로 바로바로 따라 마시기 때문에 볼륨이 클 필요가 없다. 스파클링 와인은 미세한 기포의 향연을 즐길 수 있도록 길쭉한 플루트형을 띠고 있다. 이렇게 각각의 와인 특성에 맞는 와인 잔을 선택하도록 한다.

와인 테이스팅의 기쁨

와인 시음은 하나의 예술이지만 생각처럼 복잡하지는 않다. 어차피 마시는 와인이니 보다 큰 기쁨을 누리며 마시자는 것이지, 시음 행위 자체를 신성화하는 것도 아니다. 각 단계의 동작은 나름대로의 합리성을 가지고 있고, 또 쉽게 이해할 수 있다. 이제 우리의 감각을 곤두세워 이 와인이 우리에게 무엇을 말하려고 하는지 느껴 보자.

와인 시음은 시각, 후각, 미각을 통하여 이루어진다. 먼저 깨끗하게 닦은 와인 잔에 와인을 1/3 정도만 따르자. 나머지 2/3의 공간은 와인 잔을 기울여 색상을 관찰하고, 잔을 흔들어 향을 맡아 보기 위해 필요한 여유 공간이라고 생각하면 된다.

와인 잔은 다리 아랫부분을 잡는 것이 좋다. 잔을 더럽힐 염려가 적고 손의 체온으로 인해 와인의 온도가 변화되는 것을 막기 위한 배려다.

와인 테이스팅

시각적 관찰

시각적 관찰에서 우리는 와인의 특성과 건강 상태, 숙성 정도, 품질을 파악할 수 있다. 마치 사람을 판단할 때 외모를 관찰하는 것과 같다.

와인 색상   와인의 색상은 포도 품종과 밀접한 관련을 갖고 있다. 예를 들어 까베르네 소비뇽 품종은 피노 누와 품종보다 진한 색소를 가지고 있기 때문에 피노 누아를 사용하는 부르고뉴 와인은 까베르네 소비뇽을 사용하는 보르도 와인만큼의 진한 색상을 얻기 힘들다. 샤르도네 품종은 소비뇽 블랑 품종보다 진한 색상의 화이트 와인을 생산한다.

또한 와인의 색상은 해를 거듭해 숙성될수록 산화되어 색깔이 변하게 된다. 따라서 색상은 와인의 숙성과 진화 정도를 알려주는 좋은 척도가 된다. 갓 만든 신선한 레드 와인은 제비꽃색이나 체리색, 작약꽃색을 가지나 숙성이 진행되면서 오렌지색, 벽돌색, 갈색, 황갈색으로 변해 간다. 화이트 와인의 경우에는 은빛 톤이나 녹색 톤을 띤 노란색에서 황금색, 호박보석색으로 진화한다.

와인 색의 변화

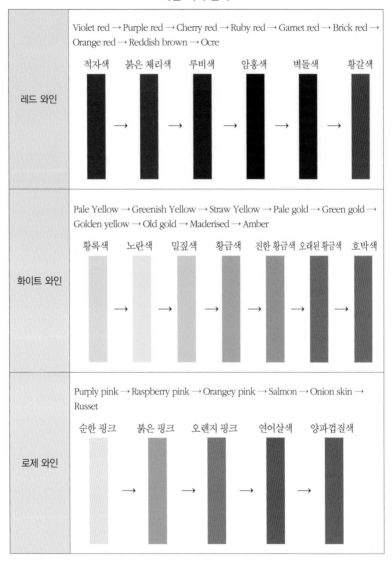

레드 와인	Violet red → Purple red → Cherry red → Ruby red → Garnet red → Brick red → Orange red → Reddish brown → Ocre 적자색　붉은 체리색　루비색　암홍색　벽돌색　황갈색
화이트 와인	Pale Yellow → Greenish Yellow → Straw Yellow → Pale gold → Green gold → Golden yellow → Old gold → Maderised → Amber 황록색　노란색　밀짚색　황금색　진한 황금색　오래된 황금색　호박색
로제 와인	Purply pink → Raspberry pink → Orangey pink → Salmon → Onion skin → Russet 순한 핑크　붉은 핑크　오렌지 핑크　연어살색　양파껍질색

와인 잔의 눈물　이 '눈물' 흐르는 현상으로 와인의 점도와 알코올의 농도를 유추할 수 있다.

색상 농도와 투명도　동일 색상 안에서는 그 진하고 연한 농도에 따라 와인의 구조(Structure)와 몸집(Body)을 짐작할 수 있다. 색상 농도가 진한 와인은 일반적으로 향이 풍부하고 맛이 진하며, 강한 와인이라 볼 수 있다. 색 농도는 포도 재배 지역의 기후와도 밀접한 연관을 갖는다. 더운 지역 와인은 색이 진한 경향이 있고, 서늘한 지역 와인은 색이 연하다.

다음에는 와인의 투명도를 보기 위해 와인 잔 뒤에 아무 책이나 놓고 잔을 통해 읽어 보자. 와인이 뿌옇거나 탁하면 좋은 와인은 아니다. 이번엔 와인 잔을 눈높이 정도로 들고 밝은 불빛 쪽을 보아 와인의 선명도를 살펴 보자. 와인은 맑고 깨끗하며 불순물이 없어야 한다. 단, 오래된 와인의 침전물은 결함이 아니다. 잠깐 세워 두면 바로 가라앉으며 위쪽 맑은 와인을 따라 마시면 되며, 디캔팅할 수도 있다.

와인의 눈물 잔을 천천히 돌려서 잔 안쪽 면에 와인을 젖게 한 후 잠시 기다려 보면 와인이 아래로 '눈물'처럼 흘러내리는 것을 볼 수 있는데, 이것으로 와인의 점도와 알코올 농도를 짐작할 수 있다.

스파클링 와인 발포성, 기포의 굵기, 거품의 양상 등을 관찰한다. 기포가 잔 바닥의 중심에서 곧게 끊임없이 솟아오를수록, 기포 크기가 미세할수록, 수면 거품이 농밀할수록 좋은 스파클링 와인이다.

후각적 관찰

후각적 관찰에서는 아로마(Aroma)와 부께(Bouquet)의 종류를 구별하고 그 농도와 질을 파악한다. 각각의 향을 아로마라고 하는데, 포도에서 비롯된 것도 있고, 양조 과정 중에 생겨나기도 하며, 오크 통에서 숙성 과정을 거치면서 우러나는 향도 있다. 와인의 향기는 시간이 지나면서 더욱 세련되고 복합 미묘해진다. 초기의 풋풋한 과일 향이나 꽃향기는 사라지고 구수하고 묵직한 '세월의 향기'가 나타난다. 동물 향이나 버섯 향, 흙, 송로버섯(Truffle) 등 우리에게는 익숙하지 않은 향이기 때문에 어색할 수도 있고 거부감이 느껴질 수도 있다. 마지막으로 이 모든 향이 와인에 녹아들어 융화되면서 복합적이고 미묘한 특유의 향을 갖게 되는데, 이를 프랑스어로 '부께'라고 한다. 결혼하는 신부의 꽃다발을 부께라고 하듯이 와인에서 풍겨 나오는 온갖 향기의 꽃다발에 대한 시적 표현이다.

향을 평가하는 데도 순서와 방법이 있다. 초보자들은 어디서 보았는지 바로 '잔을 흔들어' 향기를 맡는데, 사실은 잔을 흔들기 전에 잔잔한 상태에서 은은히 풍겨나는 향기가 아주 중요하다. 따라서 시각적 관찰이 끝난 후 잠시 잔을 놓아둔 뒤 조심스레 코로 가져가 천천히 그러나 깊이 숨을 들이쉬며 맡아본다. 와인의 부께가 느껴지고, 품질이 돋보이는 순간이다.

흔들기 전 단계에서는 장점은 잘 드러나지 않지만 단점은 쉽게 노출된다. 개성이 뚜렷하고 품질이 좋은 와인만이 이 단계에서 수면의 표면 장력을 뚫

와인에 포함된 다양한 향   와인에서 느낄 수 있는 각종 향기를 표현하는 꽃이나 과일들이다. 왼쪽 위부터 차례로 꽃, 무화과, 블랙커런트, 산딸기, 계피, 각종 감귤.

고 나오기 때문이다. 후각에서는 향의 개성과 품질이 중요하며, 이 향의 강도와 지속력은 기품 있는 와인의 절대적 특징이다.

또한, 각 포도 품종에 따라서 특유의 향기를 골라내는 것도 재미있는 와인 시음법이다. 피노 누아는 산딸기향, 까베르네 소비뇽은 피망이나 후추·블랙커런트 향, 메를로는 자두 향, 갸메는 바나나 향, 샤르도네는 버터 향, 소비뇽 블랑은 구즈베리 향, 리슬링은 석유 향, 게부르츠트라미너는 리치 향 등 자기만의 특징적인 향을 표출한다.

와인에는 수백 가지 향이 있다. 이것을 하나씩 잡아내기란 쉽지 않은 일이다. 그러나 와인을 오래 마시다 보면 전에는 못 느끼던 사과향이 느껴지고, 구수한 연기 냄새, 매콤한 후추 향 등이 날 때가 있다. 처음부터 와인 향을 분석하려 해도 잘 느낄 수 없을 것이다. 그러니 이 향을 구분해야 한다는 강박관념에서 벗어나서 시간을 갖고 와인을 마시다 보면 조금씩 다른 향들을 구분할 수 있을 것이다.

미각적 관찰

이 단계에서는 와인의 다양한 맛과 풍미, 그리고 질감과 구조를 파악한다. 와인 테이스팅의 가장 중요한 순간이다. 와인은 마시는 음료다. 색상이 아무리 고와도, 향기가 아무리 좋아도 입 안에서 좋은 느낌을 주지 못하면 먹거리로서의 점수를 잃는다. 와인을 한 모금 입 안에 넣고 입 안 곳곳을 적셔 보자. 조심스럽게 씹어 보자. 그리고는 휘파람을 불듯이 입술을 오므리고 한 모금 공기를 호흡해 풍미를 느껴 보자. 입 안에서 따뜻하게 데워진 와인은 향을 더욱 잘 발산하게 되며, 비강을 통하여 거슬러 올라오면서 후각 검사에서 파악하지 못했던 향들도 느낄 수 있게 된다.

먼저 맛을 이야기하자. 신맛, 단맛, 쓴맛, 짠맛 등이 와인에서 느껴지는 맛이다. 신맛은 혀 양옆 부분에서 느껴지며, 와인에 생기를 불어 넣어주는 가장 중요한 맛이다. 산미가 없는 와인은 밋밋하고 무겁게 느껴지며 오래 보관할 수 없다. 산도는 특히 화이트 와인에서 매우 중요하다. 단맛은 잔여 당분과 알코올에 의해 느끼게 되며 부드럽다는 느낌을 동반한다. 쓴맛과 짠맛은 주로 와인 속에 있는 타닌과 광물질(Mineral) 성분에 의해 나타난다. 소량 느껴지는 쓴맛과 짭쪼름한 맛은 와인에 매우 고급스러운 느낌을 준다.

와인의 재질감(Texture)과 보디(Body), 구조(Structure)는 와인 시음에 있어 가장 표현하기 어려운 부분이다. 와인은 입 안에서 매끈하게, 부드럽게, 둔탁하게, 거칠게 느껴지는 등 다양한 질감을 표현할 수 있다. 이는 와인에 있는 미네랄과 타닌, 기타 폴리페놀 성분들 때문인데 양조 시 침용 추출 과정을 짧게 거친 와인이나 피노 누아처럼 껍질이 얇은 포도로 만든 와인은 질감이 가볍고 우아하며 부드럽다. 반대로 침용 추출 과정을 길게 한 와인이나 까베르네 소비뇽이나 말벡처럼 껍질이 두꺼운 포도로 만든 와인은 묵직하고 둔탁하며 입에 그득한 느낌을 준다. 각각의 와인은 각기 자기 개성이 있으므로, 전자가 안 좋고 후자가 좋다라는 평가를 할 수는 없다. 특히 레드 와인에는 타닌 성분의 존재로 입 안의 점막이 조여들며 꺼칠꺼칠해지는 느낌이 있다. 떫은 감을 먹을 때나 양치질 한 직후의 입 안의 느낌을 연상하면 된다. 타닌은 레드 와인의 독특한 미감을 형성해 주며, 와인에 힘을 주어 장기 숙성력을 증진시킨다.

한편 액체 상태인 와인의 무게감을 표현하는 용어로 '보디(Body)'라는 단어를 사용한다. 입 안에서 느껴지는 와인의 무게감, 진한 정도, 묵직함의 정도를 표현한다. 보통 가볍다, 무겁다 이렇게 표현할 수 있는데 알코올 도수가 높은 것이 훨씬 묵직하게 느껴진다. 타닌이 풍부한 와인일수록 텁텁하고 걸쭉한 느낌이 묵직함을 더하며, 당분이 많아도 묵직해진다.

그럼 보디와 품질과의 관계는 어떠한가? 체격이 좋다고 인격이 훌륭한 것이 아닌 것처럼 보디감이 묵직하다고 좋은 와인은 아니며, 쓰임새가 다를 뿐이다. 라이트 보디 와인은 가벼운 음식과 잘 어울리며 식전주로 사용하기 좋고, 풀 보디 와인은 육류 스테이크 요리나 양념이 진한 음식과 마시기 좋다.

보디(Body)의 표현 용어

Light Body → Medium-Light Body → Miduem Body → Medium-Full Body → Full Body

중요한 것은 가벼운 와인은 가벼운 대로 묵직한 와인은 묵직한 대로 균형 (Balance)과 조화(Harmony)를 이루었느냐 하는 것이다. 알코올, 산도, 당도, 타닌, 농도 등의 요소가 조화와 균형을 이루었을 때 비로소 '좋은 와인'이라고 말할 수 있다. 레드 와인의 경우 타닌과 산도·알코올의 균형을 이야기하며, 화이트 와인의 경우에는 산도와 당도·알코올의 균형을 평가한다. 그러면 균형을 잃은 와인은 어떤 느낌이 날까? 타닌이 과도하면 거칠고 텁텁한 와인, 타닌이 부족하면 가벼운 와인, 산도가 과도하면 날카로운 와인, 산도가 부족하면 밍밍한 와인, 알코올이 과대하면 뜨거운 와인, 알코올이 약하면 힘없는 와인이 된다.

마지막으로 와인을 삼키고 난 후에도 그 여운(Finish)이 얼마나 오래 지속되느냐를 초단위로 세어 보자. 이 뒷맛이 길게 남는 와인이야말로 '정말 좋은 와인(Great wine)'이다.

와인 시음은 다분히 주관적일 수 있다. 일정한 맛과 향에 대해 각 개인마다 느끼는 정도도 다르고, 표현하는 어휘와 방법도 다르다. 그 향과 맛에 대한 호감도도 각자 다르다. 가능하면 모든 향과 맛에 관심을 갖고 감각 기관을 훈련한다면 점점 더 민감해지고 와인을 마시는 즐거움도 커질 것이다. 그래서 어느 날 자판기에서 뽑은 생수를 마시며 자신도 모르는 사이에 입 안에서 돌리거나 후루룩하며 공기를 들이마시는 당신을 발견한다면 이미 마니아의 경지에 들어선 것이다.

와인 차림과 에티켓

와인은 분명 아무렇게나 마시는 술은 아니다. 술잔을 꺾어 탁 털어 넣는 소

와인 차림　와인은 아직까지도 일정한 격식이 있는 자리에서 주로 접할 수 있는 주종이다. 따라서 모임의 성격과 그날의 음식을 고려하여 와인을 선택하는 것이 좋다.

주나 꿀꺽꿀꺽 마시는 맥주의 청량감과 포만감과는 또 다른 곳에서 와인의 멋을 찾아야 한다. 와인의 본고장인 이탈리아와 프랑스 등 유럽에서는 일상 식탁에서 편하게 마시고 있으며, 우리나라에서도 이미 상당수의 와인 애호가들이 이처럼 와인을 일상주로 애용하고 있다. 그러나 유럽에서도 격식 있는 자리에서는 특별한 예법이 있다. 우리나라에서 와인이 많이 대중화되었다고는 하지만 아직까지도 일정한 격식이 있는 자리에서 주로 접할 수 있는 주종이다. 따라서 격식 있는 레스토랑에서나 손님을 초대한 집안의 식탁에서 와인을 준비하고 대접하는 몇 가지 기준을 알아 두면 좋지 않을까 한다.

와인 선정의 기준

와인 선정에 있어 가장 중요한 것은 당연히 그날의 음식이다. 와인과 음식의 조화에 관해서는 다음 장에서 집중적으로 다루기로 하고, 여기서는 그 다음 순위를 알아보자.

바로 참석자의 기호다. 레드 와인을 좋아하는지 화이트 와인을 좋아하는지, 유럽 와인을 좋아하는지 뉴월드 와인을 좋아하는지, 호주가(豪酒家) 스타일인지 애주가 스타일인지 등을 미리 알아보아서 와인을 선정하고 준비한다면 상당히 센스 있는 호스트다.

모임의 성격에 따라서 와인 선정이 달라질 수 있다. 편한 모임인가, 공식적 모임인가에 따라 와인의 품질과 가격이 달라진다. 날씨도 중요한 변수 중 하나다. 날씨가 더운 날은 보통 시원한 음료를 마시고 싶어하므로 찬 온도에서 서빙할 수 있는 와인을 선정하고, 겨울에는 그 반대의 경우를 생각하면 된다. 식사 시간대를 고려하여 낮에는 가벼운 와인, 저녁에는 묵직한 와인이 바람직하다. 인체의 리듬과 업무를 고려, 낮에 알코올 도수가 높은 와인은 부담스럽다. 다음에는 모임과 음식의 성격에 따른 몇 가지 예를 들어 와인을 맞추어 보자.

식사가 따르지 않는 가벼운 모임　간단한 과일과 쿠키, 빵에 그냥 와인만 마시며 대화를 나누는 모임이므로 알코올 도수가 높지 않고 산도도 높지 않은 와인이 좋겠다. 가벼운 화이트 와인 계통으로는 뉴월드권에서 생산된 샤르도네, 소비뇽 블랑 와인이나 독일의 새콤달콤한 가벼운 와인, 오크 통 숙성을 거치지 않은 와인이 좋겠다. 이탈리아의 프로세코 같은 부드러운 스파클링 와인도 좋은 선택이다.

가벼운 먹거리가 있는 모임　전체적으로 위에서 본 '식사가 따르지 않는' 와인 리스트에 준하며, 뭔가 무게감 있는 와인 마시기를 원한다면 부르고뉴 샤르도네나 피노 품종 계통의 가벼운 레드 와인이 좋겠다.

야외 식사, 파티, 피크닉　이 경우 고급 와인은 살 필요가 없다. 햇빛에 바래고 바람에 향기가 날아가 버릴 것이기 때문이다. 주로 고기를 구워 먹는다는 것에 착안하면 뉴월드의 묵직한 와인이나 프랑스 남부 론 와인, 랑그독 와인, 아니면 신선한 프로방스 로제도 좋다.

정식 상차림 아페리티프(식전주)로는 위를 적당히 자극해 주고 식욕을 불러일으키도록 산도가 높은 와인이 좋고, 디저트 와인으로는 입 안을 깨끗이 정돈할 수 있는 달콤한 와인이나 소화를 돕는 알코올 강화 와인을 선택한다. 본식의 와인은 '와인과 음식의 조화' 편(83~95쪽)을 참조하면 된다.

구매할 와인의 양

와인을 선정했으니 와인을 얼마만큼 구입할지 결정해야 한다. 각자의 주량에 따라 다르겠지만, 일반적으로 성인 남자를 기준으로 식사 초기에 스파클링 와인과 화이트 와인 각 한 잔, 식사중에 마시는 두세 잔의 레드 와인, 후식과 함께 마시는 반잔 정도의 디저트 와인을 정량으로 보면 된다.

그럼 각 스타일의 와인 한 병으로는 몇 잔이나 따를 수 있을까? 750ml 한 병 기준으로 스파클링 와인은 여덟 잔 정도, 화이트 와인과 레드 와인은 열 잔 정도, 디저트 와인은 열두 잔 정도 나올 것으로 계산하면 된다. 유의할 점은 여성일 경우는 보다 적게 마신다는 것과 점심 때는 많이 안 마신다는 것, 그리고 스파클링 와인은 분위기에 들떠서 많이 마시는 경향이 있다는 것도 알아 두면 도움이 된다.

와인 에티켓

여기서는 격식 있는 레스토랑에서 식사를 주문하고 그 식사에 맞는 와인을 선택하는 상황을 설정하고 와인을 마시는 과정에서 지켜야 할 예절에 대해 알아본다.

와인 주문 식사 주문이 끝나면 와인 리스트를 요청한다. 와인 리스트는 일정한 규칙과 형식으로 되어 있다. 대개 스파클링 와인·화이트 와인·레드 와인·디저트 와인 순으로 나뉘어져 있으며, 그 안에서 다시 국가별로 정리가 되어 있을 것이다.

와인 주문은 호스트가 하는 것이 원칙이다. 만일 호스트가 원한다면 그날

소믈리에 서비스

의 주빈이나 호스트의 추천을 받은 와인을 잘 아는 사람의 순서로 주문한다. 와인 주문은 '이름'과 '빈티지'를 정확히 해야 한다. 또한 식사 분위기와 요리에 맞는 와인을 선택한다. 정찬에는 고급 와인, 간단 식사에는 보통 와인, 축하 자리에는 분위기를 띄울 수 있는 와인이 좋다. 참석자의 기호와 예산도 생각한다. 초대를 받았는데 와인의 선택권이 오게 되면 중간 가격대의 와인을 선택하면 무난하다.

　만일 좌중에 와인에 대해 아는 사람이 없을 경우에는 무리하지 말고 소믈리에(Sommelier)를 활용하면 편하다. 소믈리에는 레스토랑에 있는 주류 전반에 걸쳐 관리와 서비스를 책임진 직원으로서, 특히 와인에 관한 해박한 지식을 가지고 있는 전문 인력이다. 따라서 특별히 정해 둔 와인이 없을 경우에는 주문한 요리에 맞는 와인을 소믈리에에게 부탁하면 된다. 이때 자신의 기호와 그날의 예산을 알려 주면 소믈리에의 선택을 도울 수 있다.

　호스트 테이스팅　와인이 도착하면 주문한 와인이 맞는지 주의 깊게 확인한다. 특히 주문한 빈티지가 맞는지 확인해야 한다. 와인의 상태를 점검하는 호스트 테이스팅(Host tasting)은 말 그대로 호스트가 하거나 주문한 사람이 시음하는 것이 원칙이다. 집에서 손님을 초대해 대접할 때도 호스트 테이스팅은 반드시 식탁에서 주인이 해야 한다.

그런데 호스트 테이스팅은 전문 테이스팅이 아니다. 적절히 '빠르게' 시음한다. 코르크 상태, 색, 향, 맛의 이상 유무만 판단하여 이상이 없으면 직원에게 바로 '표현'을 하여 모두에게 서빙이 이루어질 수 있도록 한다. 고개를 끄떡이거나 "좋군요" 등으로 표현하면 되며, 코르크 냄새나 와인의 향과 맛이 이상할 때는 소믈리에에게 확인을 요청할 수 있다. 고급 식당에서는 호스트의 허락을 얻어 소믈리에가 먼저 시음하기도 한다. 소믈리에의 시음 후, 쌍방이 인정되는 결함이 있는 와인이라면 지체없이 교환될 것이나, 처음에 예상했던 맛이 아니라는 이유로 거절한다면 예의가 아닐 것이다. 호스트 테이스팅이 끝나면 모두에게 와인이 돌아가길 기다렸다가 호스트가 건배를 제의하면 건배 후 함께 마신다.

와인 음용   와인을 받을 때는 원칙적으로 와인 잔을 들어 주지 않는다. 그리고 와인 잔을 가만히 두는 것이 서빙하는 사람에게 더 편하다. 그러나 전통적인 동양적 가치관을 접목한다면, 윗사람이나 호스트가 따를 때 가볍게 잔받침에 손을 얹는 정도의 예의는 바람직하다. 와인 따르는 양은 와인 잔의 1/3 정도가 좋은데, 온도에 민감한 화이트 와인은 좀 더 적게 따르는 것이 좋다. 호스트는 주의 깊게 주변을 살펴 손님의 잔이 한 모금 이상 비지 않도록 계속 채워 준다. 더 이상 마시고 싶지 않을 경우에는 잔 위에 가볍게 손을 대어 의향을 표시한다.

몇 가지 세련된 매너   초대를 받았을 경우, 간간이 와인 맛에 대해 칭찬해 주어

와인 따르기 & 받기

호스트의 불안감을 덜어 주는 것은 매우 세련된 예절이다. 원샷(One-shot)하지 않으며, 상대방과 보조를 맞추어 마시는 것이 좋다. 좋은 와인이라고 빨리 많이 마시지 않는다. 향을 맡는다고 잔을 지나치게 흔들면 경망스러워 보일 수 있다. 음식을 먹고 와인을 마시기 전에는 냅킨으로 입술을 닦아 와인 잔에 음식물이 묻지 않도록 배려한다. 이때 입술은 냅킨 한귀퉁이로 가볍게 닦으면 된다. 마지막으로 색상이 진한 레드 와인은 이와 잇몸에 쉽게 착색이 된다는 사실도 기억해 두자.

와인과 음식의 조화

와인이 어느 음식이나 어울려 조화를 이루는 것은 적당한 알코올 도수와 뛰어난 풍미를 가지고 있기 때문이다. 일반적으로 반주의 특성상 음식의 맛을 살리려면 고알코올은 적당하지 않다. 알코올 도수가 너무 높으면 입 안의 점막을 마비시켜 음식의 섬세한 맛과 향을 느낄 수 없기 때문이다. 와인은 평균 도수 13도(% vol)로 상대적으로 낮은 알코올 도수를 가지고 있다.

또한 와인은 식욕을 돋워 주는 맛깔스런 산미를 가지고 있다. 우리가 일상적으로 마시는 다른 술에는 없는 이 산미는 입 안의 미감을 자극하면서 타액을 분비시킬 뿐 아니라 기름기도 씻어 주고 음식물의 느끼함도 가시게 한다. 게다가 와인은 풍부하고 다채로운 향과 맛을 가지고 있어서 다양한 식자재와 향신료의 풍미를 받쳐 줄 수 있다. 매콤한 음식에는 향신료 풍미를 강한 와인, 섬세한 음식에는 부드러운 와인, 강하고 자극적인 음식에는 당미와 타닌이 많은 진한 와인을 조화시킬 수 있다.

와인 페어링 기본 원칙

첫째, 신토불이의 원칙! 한 지역의 요리와 그곳에서 생산되는 와인은 기본

적으로 잘 조화를 이룬다. 같은 지역 내의 와인이나 음식은 그 지방에서 나는 재료를 써서 만들고 오랜 세월 그 지방 사람들이 자기네 음식에 어울리는 와인을 개발하고 즐겨 왔기에 자연스러운 조화를 이룬다. 예를 들어 이탈리아 피자에는 이탈리아 끼안티 와인이 제격이며, 프랑스 부르고뉴산 달팽이 요리에는 알리고테(Aligoté) 품종으로 만든 화이트 와인이 좋다. 미국산 햄버거에는 진판델 와인을 추천해 본다.

둘째, 음식의 특성에 따라 와인을 선택한다. 쉽게 말하면 식자재의 성질에 따르는 것이다. 가벼운 느낌의 음식이냐, 무거운 느낌의 음식이냐에 따라 그에 맞는 와인을 선정할 수 있다.

먼저 주재료가 어떤 것인지가 관건이다. 조직이 연하고 부드러운 생선류와 조직이 질긴 육고기류가 있다면 각각 깔끔하고 산뜻한 화이트 와인, 타닌과 내용물이 있는 레드 와인을 짝지어 주면 된다. 생선의 경우 화이트 와인의 신맛이 조화를 도와 주고, 레드 와인의 타닌 성분은 고기의 단백질 성분과 지방질을 중화시켜 맛을 부드럽게 해 준다. 흔히 말하는 '흰색 고기에는 화이트 와인, 붉은색 육류에는 레드 와인'이라는 도식은 바로 여기서 생긴 것이다.

그러나 최근에는 주재료만 문제 삼지 않는다. 바로 음식의 조리에 사용된 부재료와 소스의 중요성이 점점 대두되고 있다. 음식의 재료만큼 중요한 것이 음식에 사용된 소스라는 점이다. 예를 들어 생선 요리라도 간장이나 고춧가루 같은 강한 양념을 사용할 경우 가벼운 레드 와인이 잘 맞을 수 있다. 소고기 육회나 돼지 수육 요리의 경우에도 된장, 마늘 대신 담백하게 참기름과 소금에 찍어 먹는다면 레드 와인보다는 프랑스 보르도나 론 지방의 화이트 와인이나 뉴월드의 샤르도네 같은 무게감 있는 화이트 와인이 잘 어울릴 것이다.

셋째, 와인의 산미에 주목하자. 주로 화이트 와인을 조화시킬 때 중요한 개념이다. 산미가 강한 와인은 기름기가 많은 음식과 잘 어울려서 음식의 느끼함을 덜어준다. 부드러운 산미의 와인은 토마토소스, 식초 등이 포함된 음식의 강한 신맛을 완화시키며 조화를 이룬다. 레드 와인의 경우에도 신맛이 강한 이탈리아 바르베라(Barbera)나 산죠베제로 만든 와인은 토마토소스가 들어간 파스타나 피자와 편안한 조화를 이룬다.

넷째, 와인의 당미를 보며 음식을 선택한다. 드라이한 와인은 일반적으로 어떤 음식과도 무난하게 잘 어울린다. 당도가 조금 있는 와인은 자극적인 맛을 가진 음식의 맛을 순화시켜 줄 수 있을 것이다. 그리고 아주 스위트한 와인은 달콤한 요리나 주로 디저트 음식과 잘 어울린다. 포르투갈의 포트 와인과 초콜릿 케이크, 유럽의 다양한 귀부 와인과 푸아 그라(Foie Gras) 요리, 아이스 와인과 과일잼 타르트 등의 궁합은 환상적이다.

다섯째, 레드 와인의 타닌 성분에 유의한다. 타닌 성분은 단백질이 많이 들어 있는 음식, 즉 붉은 육류 요리의 맛을 부드럽게 해 주고 반대로 음식의 단백질이나 지방 성분은 와인의 떫은 질감을 감소시켜 준다. 따라서 일반 레드 와인과 육류는 가장 무난한 조화를 이룬다. 신선한 바다 생선과 해산물에서 나는 바다 내음(요오드 성분)과 타닌 맛이 결합되면 금속성의 비릿한 맛이 날 수도 있어 생선과 해물 음식에는 타닌 성분이 많은 레드 와인은 바람직하지 않다. 따라서 적포도 품종별로 다른 타닌 함량을 기억하고 있으면 와인 선정에 큰 도움이 된다.

여섯째, 와인의 향이 참으로 다양하다고 볼 때, 각 와인의 주된 향이 느껴지는 음식을 중심으로 맞출 수도 있다. 독특한 향신료 향의 알자스 게부르츠트라미너는 인도나 멕시코 음식과 같이 자극적이고 매운맛이 나는 음식을 무난히 견디어 낸다. 새 오크 통에서 오랫동안 숙성시켜 오크 향이 강한 와인들은 숯불에 구운 요리나 훈제 요리와 잘 어울린다. 꼭 향이 있어야만 음식과 조화시킬 수 있는 것은 아니다. 프랑스의 뮈쓰까데(Muscadet), 이탈리아의 피노 블랑(Pinot Blanc)처럼 가볍고 중성적인 향과 맛은 생선회나 수산물의 섬세한 맛을 살려 준다.

일곱째, 국물 있는 음식은 피한다. 국이나 탕, 찌개류 음식들은 동서양 음식을 떠나서 와인과 잘 맞지 않으며 사실 와인이 필요 없다. 서양에서 와인이 반주로 발달한 이유는 대부분의 서양 음식이 국물이 없거나 적기 때문이다. 와인과 궁합이 좋은 고기, 생선, 파스타, 피자, 치즈, 회, 빵 등을 보라.

마지막으로 고춧가루나 식초, 강황, 생강, 고수 등 강한 향신료가 들어간 음식과 먹을 때는 군이 섬세한 고급 와인을 선택할 필요가 없다. 부드러운 맛에 미디엄 보디감을 가진 부담 없는 가격대의 와인을 고르면 된다.

위의 원칙들은 모든 일반적인 이야기들이지 반드시 모든 경우나 모든 이의 기호에 적용되는 것은 아니다. 그러므로 여러 차례의 다양한 시도를 통해 각자에게 맞는 와인과 또 잘 어울리는 음식을 찾는 노력이 필요할 것이다. 와인과 음식의 조화에서 가장 중요한 대원칙은 '조화와 균형, 상호 보완과 절충'의 원리다. 와인과 음식은 서로 보완해 주는 역할을 해야 하며, 어느 한쪽이 다른 한쪽을 압도해서는 안 된다. 와인은 음식의 장점을 빛내 주고 단점을 감싸 줄 수 있어야 한다. 서로의 맛과 향이 조화롭게 어우러져야 한다.

한국 음식과 와인

와인이 외국에서 들어온 음식 문화라 처음 와인을 접하는 사람들은 과연 우리네 음식과 잘 어울릴까 갸우뚱할 수도 있다. 그러나 최근에는 우리 음식과 와인을 접목하려는 시도가 많으며, 실제로 한식당에서도 와인을 판매하는 곳이 점점 늘어나고 있다. 한국 음식을 무척 즐기는 외국인들이 와인과 함께 먹으면 잘 맞는다는 경험담도 자주 듣게 된다.

불고기 고기의 육질은 얇게 저며 야들야들하고 양념을 적절히 사용하여 단맛이 나기 때문에 미디엄 보디의 타닌이 적은 레드 와인이 적당하다. 마늘을 넣어 양념이 강한 편이라면 풍미가 있는 프랑스 남부 론 지방의 다품종 블렌딩 레드가 괜찮을 것이며, 순한 양념의 불고기라면 뉴월드의 피노 누아 와인이나 프랑스 타벨(Tavel) 지방의 로제 와인이 좋겠다. 오크 향이 강하지 않은 와인을 고른다.

갈비찜 육질이 불고기보다 좀 질기고, 갖은양념으로 맛이 진하고 강하며, 단맛도 우러나 있다. 타닌 성분이 많고 맛이 강한 레드 와인이 좋을 듯하다. 보르도 메독 와인, 북부 론 지방의 생죠셉(Saint-Joseph), 스페인 리오하(Rioja) 와인을 추천한다.

삼겹살 흰 살 육류에 속하며 육질은 질기고 매우 기름진 편이다. 향신 성분이 강한 마늘, 고추, 파무침장 등의 양념을 곁들일 때는 타닌 성분이 적당한 남프랑스 다품종 블렌딩 레드나 아르헨티나 말벡 와인을 추천하며, 담백하게 참기름과 소금에 찍어 먹을 때는 뉴월드 피노 누아나 이탈리아 끼안티 레드 와인이 좋겠다.

수산물 살내음을 음미하며 먹는 담백한 생선회에는 향은 강하지 않고 산미는 적절한 신선한 보르도의 드라이 화이트, 루아르의 뮈스카데, 부르고뉴의 샤블리와 같은 화이트 와인이 제격이다. 다만, 붉은색의 참치나 기름진 연어에는 루아르 지방의 가벼운 레드 와인이나 남불의 로제 와인도 잘 어울린다. 짭쪼름한 조개구이에는 미네랄이 풍부한 루아르 소비뇽 블랑 와인이나 알자스 리슬링을 추천하며, 랍스터·킹크랩 등 갑각류 요리에는 알자스 고급 피노 그리(Pinot Gris)나 샹파뉴를 준비하는 것이 좋다.

잡채나 파전 등의 부침 요리   쫄깃한 당면에 채소와 고기, 버섯 그리고 간장, 참기름 등 갖은양념을 한 잡채는 와인을 선정하기 매우 난감한 음식이다. 필자의 경험으로는 가벼운 보졸레 레드 와인과 뉴월드 피노 와인이 좋았다. 그리고 쌉싸래한 채소와 해산물로 만든 파전, 해물전에는 과일 향이 풍부한 싱그러운 스타일의 화이트 와인으로 스페인 리아스 바이사스(Rias-Baixas), 루에다(Rueda) 와인을 추천한다.

탕수육   이미 한국화된 탕수육은 당미가 높은 이국적 음식이다. 돼지고기와 끈끈한 녹말의 느낌, 새콤한 파인애플 등 재료가 복잡하지만 기본적으로 단맛에 맞춰 보자. 독일의 슈패트레제(Spätlese)급 와인이나 알자스의 게부르츠트라미너 방당쥬 타르디브(Gewurztramianer VT)면 어떨까!

외국 음식과 와인

양식은 전통적으로 와인과 자연스러운 조화를 이룬다. 다양한 식재료와 소스의 특성에 맞는 와인과 함께 맛의 즐거움을 느껴 보자.

전채 및 단품 요리   발사믹초나 레몬 소스 샐러드는 산도가 높지 않은 가벼운 화이트 와인이 좋다. 보르도 화이트 와인, 부르고뉴의 부드러운 샤르도네 와인 정도면 적당하다. 뉴월드권이라면 칠레의 샤르도네가 좋은 대안이다. 짭짤한 맛과 비릿한 바다 내음을 가진 캐비어나 연어알에는 산도가 높고 향이 깊은 고급 샹파뉴가 천생연분이다. 캐비어나 연어알이 입 안에서 톡톡 터지는 식감 역시 스파클링의 발포성과 완벽하게 궁합이 맞는다. 스페인의 타파스(Tapas) 같은 한 입에 먹을 수 있는 요리들은 대부분 스페인의 신선하고 가벼운 보디감의 화이트, 레드 와인과 무난한 조화를 이룬다.

밀가루 음식인 파스타와 피자의 경우에는 소스와 토핑이 와인 선택을 좌우한다. 올리브오일 소스에 해산물이 곁들여졌다면 화이트 와인 계열로, 토마토소스를 사용하고 고기류가 곁들여졌다면 레드 와인 계열을 선택하면 된다. 쌀 요리인 리조또도 마찬가지다. 이들 음식은 이탈리아 음식이라는 점에서 이왕이면 센스 있게 이탈리아 와인 중에서 골라 보자.

생선 및 해산물 요리　기본적으로 화이트 와인이 어울린다고 말할 수 있지만 생선이나 해산물 재료 그 자체보다는 어떻게, 어떤 소스로 요리했는가가 중요한 선택 기준이 된다. 도미·농어·광어 등 흰살 생선에는 신선한 샹파뉴·고급 루아르 화이트·알자스 삐노 블랑·이탈리아 베르멘티노나 베르디끼오 와인 등이 좋으며, 훈제 연어나 구운 생선 요리에는 대체적으로 오크 통 숙성을 거친 화이트 와인이 적절하니 부르고뉴 뫼르쏘·캘리포니아 샤르도네 와인 등에서 고를 수 있다. 게나 바닷가재, 석화 굴 요리는 그랑크뤼 샤블리나 샹파뉴와 잘 어울리며, 짭쪼름한 어패류 음식에는 부르고뉴 알리고떼·루아르 상세르 등 미네랄과 산미가 충만한 화이트가 좋다. 단 쌀밥에 생선회가 올라간 초밥에는 프랑스 남불 블렌딩 화이트, 이탈리아 가비·베르나챠·오르비에또·쏘아베 등 부드럽고 볼륨감 있는 화이트 와인을 추천한다.

각종 고기 요리　레드 와인과 가장 무난한 궁합을 보이는 식재료다. 그러나 다양한 부위에 맞는 조화로운 맛을 찾는 일은 쉽지만은 않다. 송아지 고기는 흰색 육류로서 양념이 별로 가해지지 않은 상태로 조리되기 때문에 부르고뉴의 가벼운 피노 레드가 좋다. 안심 스테이크는 부드러운 육질에 양념을

많이 사용하지 않은 담백한 요리이므로 맛이 거친 와인보다는 섬세하고 부드러운 스타일의 레드 와인이 무난하다. 보르도 생테밀리옹 지역의 고급 레드 와인이나 부르고뉴 꼬뜨 드 본 지역의 레드 와인을 추천한다. 등심 스테이크는 육질이 약간 질기며 지방질과 씹히는 맛이 있으므로 보르도 뽀므롤 와인, 이탈리아 바롤로 와인, 브루넬로 디 몬탈치노 와인 등을 권한다. 로스트 비프의 경우에는 오크 숙성을 거친 강하고 힘찬 스타일의 보르도 레드 와인·뉴월드 와인이 맞으며, 섬세한 육질의 휠레 미뇽 스테이크는 역시 섬세한 고급 레드 와인이 좋다. 소고기 기타 부위를 사용하는 뵈프 부르기뇽(Boeuf Bourguignon) 요리는 레드 와인 소스를 사용하여 시큼한 산미가 배어 있으므로 부르고뉴 피노 누아 와인과 함께 먹으면 완벽한 신토불이이다.

기타 고기 요리 육질은 다양하지만 특유의 노린내가 있는 양고기는 불에 구운 양갈비가 와인과 잘 어울리는데, 숙성된 보르도 레드 와인이나 호주 바로싸 밸리의 진한 쉬라즈 와인을 추천한다. 닭 요리는 요리 방법이나 소스에 따라 가장 변화가 심하지만, 닭살의 기본 맛이 무미건조하기 때문에 가벼운 스타일의 레드 혹은 화이트 와인이면 무난하다. 특별히 프랑스의 대표 가정식 닭요리인 꼬꼬뱅(Coq-au-Vin)은 레드 와인 한 병가량을 다 붓고 오랜 시간 끓여 만든 스튜 형식의 닭찜인데, 필자의 유학 시절에 부르고뉴 피노나 보졸레 갸메 레드 와인과 즐겨 먹었던 기억을 소개한다. 우리나라에서는 흔하지 않지만 노린내가 많이 나는 야생 조류(오리, 칠면조, 도요새, 메추리)들은 장기 숙성하여 동물 향이 살짝 풍기는 보르도의 레드 와인이나 부르고뉴의 레드 와인, 론의 샤또뇌프 뒤 빠쁘 레드 와인, 스페인의 리오하, 이탈리아의 바르바레스코가 훌륭한 뒷받침이 되어 줄 것이다. 그 밖에 이탈리아 살루미, 스페인의 초리소와 하몬, 독일 학센 등 돈육 가공 식품을 안주로 먹을 때는 스페인의 가르나차 블렌딩 레드, 이탈리아의 발폴리첼라, 끼안티나 뿔리아 지방 레드 와인을 추천한다.

디저트류 각종 과일과 베리, 초콜릿, 버터를 사용한 달콤한 디저트 음식들과의 보편적 궁합은 앞의 '와인 페어링 기본 원칙'의 '넷째' 부분을 참조하자. 그 외에 아몬드, 호두, 피스타치오 등의 견과류를 이용한 과자나 타르트는 팝콘 향 그윽한 뉴월드 오크 숙성 샤르도네나 스페인의 알코올 강화 와인 셰리, 프랑스 쥐라 지방의 뱅 존느(Vin Jaune) 등과 함께 구수한 조화를 이룬다.

와인과 치즈

와인과 치즈는 같은 발효 식품이고 까다로운 제조 과정을 거쳐 생산지에 따라 다양하고 독특한 향과 맛을 지닌다는 점에서 공통점이 많다. 와인의 최고 짝꿍이라 일컬어지는 각 치즈의 대표적 스타일에 따른 어울림을 살펴보자.

연질 치즈   리코타(Ricotta), 마스카르포네(Mascarpone), 모짜렐라

── 실패할 확률이 적은 와인 선택 TIP

여러 가지 음식이 동시에 나오는 코스 요리에서나 뷔페 식당에서 혹은 식당에서 각기 다른 종류의 음식을 한꺼번에 주문할 경우 모든 음식에 맞춘 와인을 선택할 수는 없다. 이럴 때는 어느 음식에나 적절히 어울릴 수 있는 와인들을 찾아야 하는데, 이 와인들은 대체적으로 라이트에서 미디엄 보디 정도며 풍성한 과일 맛과 향, 거기에 균형 잡힌 산미를 가지고 있다. 몇 가지를 소개하면 화이트 와인으로는 부르고뉴 샤블리, 루아르 소비뇽 블랑, 이탈리아 쏘아베, 독일 카비넷 리슬링 그리고 프로세코와 까바 스파클링 와인이 무난하다. 레드 와인으로는 프랑스 남부 론 레드, 이탈리아 끼안티 클라시코, 스페인 리오하, 뉴월드의 까베르네·메를로·쉬라즈 와인들이 러브콜을 받는다.

(Mozzarella), 페타(Feta), 크림 치즈, 까망베르(Camenbert)처럼 순한 풍미와 부드러운 재질감의 생 연성 치즈는 주로 샐러드 재료로 많이 사용된다는 점에서 이탈리아의 깔끔한 드라이 화이트 와인과 잘 어울린다. 반면 같은 연질이나 숙성된 강한 풍미의 브리 드 모(Brie de Meaux), 탈레지오(Taleggio) 같은 치즈는 남부 론 블렌딩 레드나 숙성된 부르고뉴 레드 와인과 맞추면 좋다. 뮌스터(Munster) 마루왈(Maroilles), 에뿌와쓰(Epoisses)처럼 꼬리꼬리한 강한 풍미의 연질 치즈에는 향이 강한 알자스 게부르츠트라미너, 쥐라 사바냥, 뱅 존느 와인을 추천한다.

각종 치즈 와인과 치즈만큼 궁합이 맞는 음식도 없다. 둘 모두 발효 식품이고 까다로운 제조 과정을 거친다는 점에서 공통점을 지닌다.

중질 & 경질 치즈 　프랑스 미몰레뜨(Mimolette), 네덜란드의 하우다 (Gouda)와 에담(Edam)으로 대표되는 중질 치즈는 모든 타입의 가벼운 레드 와인과 잘 어울린다. 또한 조직이 단단하고 씹으면 고소한 끝맛이 일품인 경질 치즈도 식후나 와인 바에서 안주로 삼기에 안성맞춤이다. 영국 체다 (Cheddar), 이탈리아 파르미쟈노 레쟈노(Parmigiano-Reggiano), 스위스 에멘탈 (Emmental) 등이 대표적인 경질 치즈인데 이탈리아 아마로네 발폴리첼라, 따우라지(Taurasi), 바롤로, 프랑스 샤또뇌프 뒤 빠쁘 같은 강한 레드 와인이 잘 어울린다. 경질 치즈는 오래 보관할 수 있어 가정에서 두고 먹기에 좋다.

염소젖 & 양젖 치즈 　위에서 열거한 치즈들이 그나마 우리에게 무난한 소젖 치즈라면 염소젖과 양젖을 이용하여 만든 치즈들도 있다. 독특한 향과 맛을 지닌 이 치즈들은 처음에는 거부감도 들고 익숙해지는 데 시간이 걸리지만, 일단 맛을 들이면 깊은 풍미에 푹 빠지게 될 것이다. 가장 대표적인 염소젖 치즈 (Goat cheese)로는 프랑스 루아르 지방의 크로뗑 드 샤비뇰(Crottin de Chavignol)이 있는데, 같은 지역에서 생산되는 소비뇽 블랑 와인과 절묘한 조화를 이룬다. 이탈리아의 대표 양젖 치즈인 페꼬리노(Pecorino Toscano & Romano)는 몬테풀챠노나 알리아니꼬 품종 와인들과 함께 먹으면 정말 맛있다.

블루치즈 　푸른곰팡이 균주를 주입하거나 지역적으로 자생하는 푸른곰

블루치즈　푸른곰팡이 균주를 주입하거나 지역적으로 자생하는 푸른곰팡이로 만들어진 블루치즈는 맛이 짜고 강렬하기 때문에 일반 와인보다는 스위트 디저트 와인과 황금의 궁합을 이룬다.

팡이로 만들어진 블루치즈(Blue-Veined Cheese)는 외견상 곰팡이가 피어 있어 우리나라 사람들이 종종 기피하는 치즈 중 하나다. 코를 찌르는 곰팡이 향이 진한 양젖 풍미와 매우 짠 치즈 맛에 녹아들어 마치 삼겹살 수육에 홍어회를 얹어 먹을 때와 같은 묘한 매력을 준다. 따라서 와인 역시 매우 강한 맛과 향의 와인이 필요한데, 바로 곰팡이 핀 포도로 만든 귀부 스위트 와인들이다. 프랑스 로크포르(Roquefort)·이탈리아 고르곤졸라(Gorgonzola) 같은 강한 블루치즈는 소테른·독일 TBA·헝가리 토카이 등이 잘 받쳐 주며, 프랑스 블루 도베르뉴(Bleu d'Aubergne)·블루 드 브레스(Bleu de Bresse) 같은 가벼운 블루치즈는 바르싹(Barsac)·꼬또 뒤 레이용(Coteaux du Layon)·독일 BA·이탈리아 모스카토 와인과 맞춰 보자. 반면, 영국 스틸턴(Stilton), 블루 체셔(Blue Cheshire) 같은 경질 블루치즈는 알코올 강화 와인인 포트나 마르살라 와인과 황금 궁합을 이룬다.

세계의 와인 산지 순례

정통 클래식, 프랑스 와인

와인을 잘 모르는 사람도 '포도주' 하면 프랑스를 떠올릴 만큼 프랑스는 와인의 상징 국가다. 고대 로마 점령기 이전으로 거슬러 올라가는 오랜 와인 생산 전통을 가지고 있는 프랑스는 전 세계 와인 생산량의 1/5 정도의 와인을 생산하고 있으며, 생산량과 경작 면적으로 볼 때 이탈리아와 수위를 다투고 있다.

프랑스는 포도를 재배하기에 적합한 기후와 지형·토질 등 천혜의 환경을 가지고 있으며, 다양한 기후대에서 다양한 스타일의 와인이 생산된다. 신선한 샹파뉴의 스파클링 와인에서부터 부드러운 부르고뉴 와인과 강직한 보르도 와인을 거쳐 소테른의 달콤한 스위트 와인까지, 소위 클래식 와인의 모든 스타일을 망라하고 있다. 로마네 꽁띠, 페트뤼스, 크루그 등 귀족적 브랜드가 있는가 하면, 일상의 식탁에 오를 수 있는 부담 없는 테이블 와인까지 다양한 선택이 가능하다.

품질 관리 규정과 와인 등급 분류

오래전부터 프랑스에서는 자국 와인의 원산지를 보호하고 품질을 보장하기 위한 제반 조처를 마련해 왔다. 1935년에는 와인의 품질과 개성을 유지, 관리하는 원산지 보호 명칭 제도를 만들어 전국적 차원에서 실행한 첫 국가가 되었다. 모두 3개의 카테고리로 구분되며, 각 등급에는 요구되는 엄격한 품질

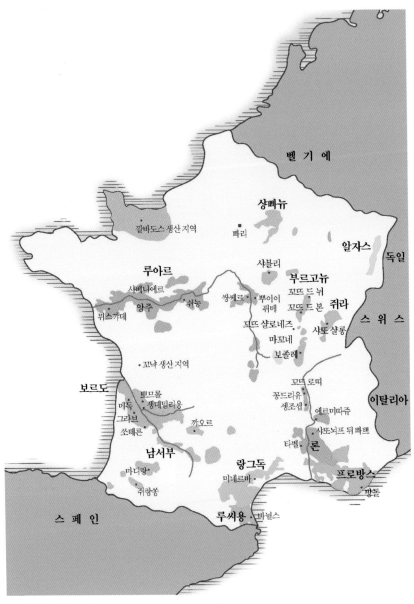

벨기에

샹빠뉴

깔바도스 생산 지역

빠리

알자스

독일

루아르

샤블리

사베니에르

쌍쎄르

앙주

쉬농

뿌이이
퓌메

부르고뉴

꼬뜨 드 뉘

꼬뜨 드 본

쥐라

뮈스까데

꼬뜨 샬로네즈

샤또 샬롱

스위스

마꼬네

보졸레

꼬냑 생산 지역

꼬뜨 로띠

보르도

뽀므롤

생떼밀리옹

꽁드리유

생조섭

이탈리아

메독

그라브

쏘떼른

까오르

에르미따쥬

샤또뇌프 뒤 빠쁘

남서부

랑그독

타벨

론

마디랑

미네르바

프로방스

쥐랑쏭

방돌

스페인

루씨용

바뉠스

프랑스 와인 산지

프랑스의 품질 관리 제도와 등급 구분   프랑스 AOP 로고

관리 수준과 구체적 시행 규정이 있다. 이 제도는 세계 와인 생산국에 모범이 되었으며, 유럽 주요 생산국으로 전파되어 각국 실정을 반영하며 사용되고 있다. (2012년 이후 유럽연합 차원의 새로운 표현도 함께 사용되고 있다.)

뱅 드 프랑스(Vin de France, 옛 Vin de Table)　가장 낮은 단계의 와인들로, 저렴한 가격에 매일의 식사와 함께 마시는 테이블 와인이다. 포도 품종·원산지·제조 방법 등에서 규제 없이 만들어지며, 프랑스 전역에서 재배된 포도를 블렌딩해서 생산된다. 규제가 없기에 오히려 창의적 생산 활동이 가능하여 매우 독창적인 와인이 생산되기도 한다.

IGP(옛 Vins de Pays)　포도 생산 지역과 포도 품종 정도만 제한을 받는 등급으로 프랑스 각 지방에서 생산되는 와인이다. 1970년대 이후 엄청난 속도로 품질을 향상시키고 있다. 노력하면 AOP 등급으로 승급할 수 있다. 대개 단기 숙성용 와인이며, 레이블에 지역명과 품종명이 표기된다. 약 75개의 IGP 명칭이 있는데 지방명, 도명, 특정 지역명 등 그 세부도에 따라 세 개의 내부 카테고리가 있다.

AOP(Appellation d'Origine Protégée, 옛 AOC와 현재 혼용)　프랑스 와인 카테고리 중 최상 등급이다. 직역하면 '원산지 통제(보호) 명칭'이라는 의

미인데 원산지 명칭별로 포도 재배 지역, 품종, 경작 방법, 단위 면적당 포도 수확량, 와인 제조 방법, 알코올 함유량 등을 엄격히 통제 관리하여 기준에 맞는 와인에만 그 지역 명칭을 붙일 수 있도록 규정한 제도다. AOP는 프랑스 와인의 타입과 스타일, 품종 등을 이해하는 기준이 되며 약 370여 개가 있다 (2022년 현재).

와인 레이블에 AOP가 표기될 경우 가운데 'origine'의 자리에 원산지 명칭이 삽입된다. 예를 들어 'Bordeaux AOP' 명칭이라면 'Appellation Bordeaux Protégée'라고 표기하게 된다. 한 지방 전체에서 생산되는 광역 AOP(Generic AOP)에서부터 특정 포도밭 하나만을 규정한 AOP까지 이 범주 안에서도 다양한 구분이 있다. 원산지 이름이 좀 더 세분화되어 구체적으로 표시될수록 고유한 지역 특성을 지닌 고급 와인으로 분류된다.

그럼 이제부터 가장 대표적인 프랑스 와인 산지를 찾아가 보자.

보르도(Bordeaux) 와인 산지

로마 점령기 이래 오랜 와인 생산 전통을 가지고 있으며, 특히 1152년 보르도가 소속된 아키텐느(Aquitaine) 공국의 상속녀인 알리에노르(Aliénor)가 후일 영국 왕위를 물려받게 되는 앙리 플랑타쥐네(Henri Plantagenêt)와 결혼함으로써 영국에 귀속되게 된다. 이후 300년 동안 보르도 와인은 영국에서 판매되면서 유명해지기 시작하였다. 1453년 백년전쟁 후 다시 프랑스에 귀속되었으며, 16~17세기 네덜란드 상인들의 활동으로 보르도 와인은 북유럽에 수출되었고, 17~18세기에는 대농장을 소유한 보르도 토후 귀족들과 산업혁명으로 축적된 부로 농장을 구입한 영국 상류층들이 오늘날 보이는 수많은 대저택을 건설하며 '샤또(Château)'라는 개념이 탄생되었다. 프랑스어로 이 말은 원래 큰 성이나 저택을 의미하지만 이후 포도원을 소유하면서 포도주를 생산하는 양조장을 의미하는 용어가 되었다.

1855년 그랑크뤼 등급 설정으로 프랑스 와인의 영광을 대변하였으나,

1870년경 필록세라(Phylloxera)라는 포도뿌리진딧물의 피해로 프랑스 전역의 포도밭이 초토화되는 비운을 겪기도 하였다. 그 후 20세기 초반의 경제적 위기를 딛고 세계 와인 산업의 메카로 군림하고 있다.

자연 조건 북위 45°의 고위도 지역임에도 불구하고 따뜻한 걸프 만류의 영향으로 온화한 서안 해양성 기후를 보이며, 큰 강이 온도 조절 역할을 해 주어 기온의 변동이 적다. 보르도의 토질은 아주 다양한 지질학상의 특징을 보이고 있는데, 빙하기 때부터 피레네산맥과 중부 산악 지대에서 강물에 떠내

—— 좌안 & 우안

12만 ha에 달하는 광대한 보르도 와인 산지는 총 5개의 내부 산지로 구분되는데, 가장 중요한 지형인 강을 따라 나뉜다. 보르도 와인 산지의 한가운데를 관통하는 2개의 큰 강이 가론느(Garonne)와 도르도뉴(Dordogne)강인데, 가론느강의 좌측을 '좌안(Left Bank)', 도르도뉴강의 우측을 '우안(Right Bank)'이라 부른다. 좌안 지역에는 메독과 그라브가 위치하고, 우안 지역에는 생테밀리옹과 뽀므롤·프롱삭·꼬뜨 지역들이 있다.

보르도 와인 협회 건물   보르도는 프랑스에서도 대표적인 와인 산지다. 1870년경 필록세라의 피해로 크게 어려움을 겪기도 하였으나 지금은 다시 세계 와인 산업의 메카로 군림하고 있다.

려 운반된 자갈들이 강 하구로 오면서 쌓이게 된 완만한 언덕에 주요 포도밭이 형성되었다. 그라브 지역은 굵은 자갈밭, 메독 지역은 잔 자갈과 모래질 토양, 석회암 언덕에 자리 잡은 생테밀리옹 지역은 석회 점토질 토양 그리고 뽀므롤 지역은 점토질 토양 등 각 지역마다 다양성을 보인다.

재배 품종   알자스나 부르고뉴의 경우와 달리 보르도 지방은 최소 2~3 품종이 혼합된 블렌딩 와인이 일반적이다. 블렌딩 비율은 각 지역과 양조장마다 다른데, 여기에서 보르도 와인의 다양성과 지역 특징이 드러난다.

적포도로는 까베르네 소비뇽이 메독과 그라브 지역의 주품종으로(50~80%) 군림하고 있으며, 와인의 골격과 몸체를 형성하며 타닌을 공급한다. 메를로는 좌안(메독+그라브) 지역에서는 보조 품종에 머물지만, 우안 지역에서는 주품종(50~100%)으로서 과일 풍미와 살집이 풍부한 멋진 와인을 생산한다. 뽀므롤에서는 상당한 보디를 가진 육중한 와인도 만들어 내고 있다. 이 밖에 보조 품종으로서 까베르네 프랑은 섬세한 향과 특별한 개성을 주며, 말벡과 쁘띠 베르도(Petit Verdot)는 색상의 깊이와 맛의 강도를 진하게 해 준다.

청포도로는 세미용이 오크 통 숙성을 잘 받으며 화이트 와인에 부드러움과 보디감, 힘을 더해 준다. 점점 재배를 늘리고 있는 소비뇽 블랑은 청량감과 신선미를 가져다 주며, 뮈스까델(Muscadelle) 품종은 향이 강하여 완숙에 이를 경우 소량 사용된다.

메독(Médoc) 지역

보르도에서 가장 중요한 와인 산지로서 귀족적 와인들이 몰려 있는 곳이다. 크게 '메독(Médoc AOP)'과 '오메독(Haut-Médoc AOP)'으로 나뉘는데, 후자가 보다 섬세하며 구조가 잘 잡힌 와인을 생산하는 곳으로 알려져 있다. 오메독 지역에는 더 구체적으로 마을 이름을 표기할 수 있는 상위 AOP가 다음 6곳이 있다.

생테스테프(Saint-Estèphe AOP)는 튼튼하고 강한 풀 보디 와인으로 초기에는 약간 거칠다는 느낌도 들지만, 숙성되면 부드러워지며 복합미를 갖춘다. 보관 기간은 보통 5~12년이며, 대표적 양조장으로는 샤또 꼬스 데스뚜르넬(Château Cos d'Estournel), 깔롱 세귀르(Château Calon-Ségur) 등이 있다.

뽀이약(Pauillac AOP)은 구조가 견고하며 균형 잡힌 보디를 가진 강하고 힘찬 와인을 생산한다. 보관 기간은 보통 5~20년 정도이며, 그랑크뤼 와인의 보고다. 1855년 등급에서 특급에 속한 샤또가 3개나 있으니, 견고한 보디와 농축된 풍미를 가지고 있는 샤또 라뚜르(Château Latour), 까베르네 소비뇽의 비율이 높고 힘과 바닥에 깔린 풋풋함이 인상적인 무똥 롯스칠드(Château Mouton-Rothschild), 세련된 균형과 조화미가 돋보이는 라피트 롯스칠드(Château Lafite-Rothschild)다.

생쥘리앙(Saint-Julien AOP)은 뽀이약의 농축미와 마르고의 섬세함을 함

샤또 마르고　마르고에서 대표적인 포도원이다. 이곳에서 생산되는 와인은 온화하고 섬세하며, 부드러움이 깊이와 복합미를 더한다.

께 가진 조화로운 와인을 만든다. 매년 일관된 품질을 보여 주는 것이 장점이며, 대표 샤또로는 샤또 레오빌 라스까즈(Château Léoville-Las-Cases), 샤또 뒤크뤼 보꺄이유(Château Ducru-Beaucaillou)가 있다. 힘과 부드러움이 섬세하게 결합된 복합 미묘한 와인들이다.

───── 1855년 보르도 메독 등급

공식 명칭은 'Grand Cru Classé du Médoc en 1855'다. 1855년 파리 만국박람회 때 프랑스 와인의 우수성을 세계에 알리기 위하여 보르도 메독 지역 양조장들 중에서 가장 우수한 61개의 샤또 와인을 '그랑크뤼'로 정하고, 이를 5개 등급으로 분류했다. 지금까지 단 한 건의 내부 변동만 있었을 뿐 변하지 않고 그 위세를 과시하고 있다.

샤또 스미스 오 라피뜨 자갈이 많이 섞인 토질이 인상적인데, 이러한 환경은 배수와 보온 역할을 하여 포도가 잘 성숙되도록 도와 준다.

마르고(Margaux AOP)는 부드럽고 온화한 비단결 같은 매력이 돋보이는 와인으로, 면적도 넓고 가장 많은 그랑크뤼가 있다. 대표 샤또로는 프랑스의 자존심이라고 하는 샤또 마르고(Château Margaux)가 있다. 온화하고 섬세하며, 부드러움이 깊이와 복합미를 더해 주는 우아함의 대명사다.

이 밖에 물리스(Moulis AOP)와 리스트락(Listrac AOP)도 준수한 품질을 자랑하는 마을 단위 명칭이다.

그라브(Graves) 지역

700년의 역사를 가지고 있는 그라브 와인의 비단결 같은 부드러움은 중세 때부터 유명했다. 이 지역은 메독과 달리 화이트 와인도 강세를 보이는 곳인데, 이슬람 세계의 한 술탄에게 화이트 와인을 천연 미네랄 워터로 속여 권했

더니 그 맛에 놀라 구입했다는 일화가 있을 정도다.

보르도시 남쪽 인근의 **뻬싹 레오냥**(Pessac-Léognan AOP)은 최근에 탄생한 AOP로서 그라브 지역 북부의 고급 샤또들을 망라하고 있다. 이곳의 화이트와 레드 와인은 매우 섬세하고 부드러우며 산미와 향이 좋다. 모두 16개의 양조장이 '크뤼 끌라쎄(Cru Classéde Graves)'로 매겨져 있으며, 가장 대표 샤또는 메독 등급 선정 때 메독 외 지역으로는 유일하게 특급 레드 와인으로 등재된 샤또 오브리옹(Château Haut-Brion)이다. 이 밖에 일반 품질 와인은 **그라브**(Graves AOP)로 생산되며, 미디엄 스위트 맛의 **그라브 수페리외르**(Graves Supérieurs AOP)도 있다.

소테른(Sauternais) 지역

이 지역은 갸론느강과 시롱(Ciron)천이 만나 형성되는 강변의 특이한 미세 기후 덕분에 세계 최고의 스위트 와인이 생산되는 곳이다. 1855년에 메독 지역과 함께 스위트 와인 타입으로 등급 평가를 받았다. 세계적으로 유명한 **샤또 디켐**(Château d'Yquem)이 특급(Premier Cru Supérieur)을 받았고, 나머지 25개의 샤또가 일급과 이급으로 나뉘어 등급에 올라 있다.

소테른(Sauternes AOP)이 가장 유명하며, 초기의 신선한 꽃향기와 열대과일 향이 숙성되면서 진하고 풍부한 아카시아·오렌지·꿀향기로 변하며, 오크의 견과 향과 특유의 보트리티스 귀부 향이 주는 복합미가 압권이다. 좋은 와인은 50년 이상 장기 보

샤또 디켐 세계 최정상급의 귀부 스위트 와인이다. 포도나무 한 그루에서 와인 한 잔을 만드는 '희생'으로 탄생한다.

관이 가능하며, 6~8℃의 낮은 온도에서 마신다. 샤또 디켐은 포도나무 한 그루에서 와인 한 잔을 만들어 내는 희생으로 복합미와 풍요로움이 품격의 정상에 올라 있다. 샤또 리유섹(Château Rieussec), 샤또 끌리멘스(Château Climens)도 뛰어난 스위트 와인을 만든다. 이 밖에 바르삭(Barsac AOP), 세롱스(Cerons AOP) 등의 스위트 와인 AOP가 있다.

—— 귀부 현상과 귀부 포도

늦가을 강변의 아침 안개가 '보트리티스 시네레아(Botrytis cinerea)'라는 곰팡이의 번식을 촉진시킨다. 이 곰팡이가 포도의 껍질을 갉아 먹어 얇아지면, 한낮의 태양 아래 포도알의 수분이 증발되어 당도가 농축되며, 최후에는 건포도처럼 쪼그라든다. 귀부화 진행 단계가 각 포도알마다 다르므로 몇 차례에 걸쳐 사람이 직접 수확해야 한다.(10월 초에서 11월 초에 걸쳐 귀부 현상이 진행된다.)

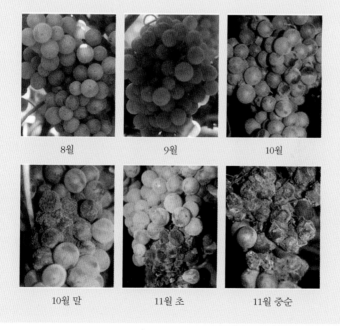

8월   9월   10월

10월 말   11월 초   11월 중순

샤또 그랑드 뮈라이(Château Grande Murailles) 생테밀리옹 지역의 포도밭 가운데 하나다. 이 지역에서는 메를로 품종을 주종으로 하여 석회 점토질 토양에서 부드럽고 유연한 레드 와인을 생산한다.

생테밀리옹(Saint-Emilion) 지역

메독·그라브 지역보다 오랜 와인 생산 역사를 가지고 있으며, 메를로 품종을 주종으로 석회 점토질 토양에서 부드럽고 유연한 레드 와인을 생산한다. 메독의 레드 와인이 좀 거칠고 씁쓸하게 느껴지는 사람들은 우아하고 섬세한 매력이 있는 생테밀리옹 와인이 좋은 대안이 될 것이다. 생테밀리옹 와인은 샤또 오존(Château Ausone)이 자리 잡고 있는 석회 언덕 지역과 샤또 슈발 블랑(Château Cheval Blanc)과 샤또 피작(Château Figeac)이 있는 서쪽 뽀므롤 경계 지역의 자갈 점토성 토질이 달라 두 가지 스타일의 생테밀리옹으로 구분할 수 있다. 일반적으로 과일 향 좋고 유연하며 산도와 타닌이 뒷받침되는 고급 레드 와인으로, 보통 5~10년 내에 마시며, 고급 포도주는 10년 이상 숙성도 가능하다.

생테밀리옹 지역에도 등급이 있는데, 메독 등급과는 달리 매 10년마다 재

평가를 받는다. 2022년에 조정 심사를 앞둔 2012년 평가에 의하면 총 82개의 샤또가 3개 등급으로 분류되어 있다. 가장 높은 특일급 A(Premier Grand Cru ClasséA)에는 오랜 터줏대감인 샤또 슈발 블랑과 샤또 오존 외에 샤또 앙젤뤼스(Château Angélus)와 샤또 빠비(Château Pavie)가 새로 합류하여 이목을 끌었다. 이 지역의 매우 특별한 양조장으로는 창고 같은 시설에서 고농축 스타일로 소량만 생산한 '가라지 와인(Garage Wine)'으로, 세간의 주목을 받은 샤또 드 발랑드로(Château de Valandraud)가 있다. 주요 AOP로는 일반 생테밀리옹(St-Emilion AOP)과 보다 규정이 엄격한 생테밀리옹 그랑크뤼(St-Emilion Grand Cru AOP)가 있다.

뽀므롤(Pomerol) 지역

작은 면적에서 소량의 고품질 와인을 생산하는 뽀므롤(Pomerol AOP) 산지는 생테밀리옹의 서쪽에 위치한 지역으로, 자갈과 점토가 적당히 섞여 메를로 품종이 특별한 자기 표현을 연출하는 곳이다. 이 지역 와인은 색상이 진하며 구조감이 좋고 풍부한 타닌에 특유의 고유한 흙내음과 송로버섯 향이 매혹적인 깊이감을 표현하는 와인이다. 조그만 AOP라 순위 등급은 없지만, 세계적 명성의 전설적 샤또 페트뤼스(Château Pétrus)를 필두로 샤또 라플뢰르(Château Lafleur), 샤또 레글리즈 끌리네(Château l'Eglise-Clinet), 샤또 라플뢰르

뽀므롤 표지판 선명한 색상의 십자 표지판이 와인의 작은 성지로 들어서고 있음을 말해 주고 있다.

보르도 와인의 레이블 이해하기

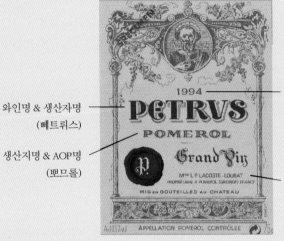

빈티지(생산 연도)

와인명 & 생산자명
(뻬트뤼스)

생산지명 & AOP명
(뽀므롤)

소유주 및 회사 주소

Bordeaux
AOP

Garage Style

Graves AOP

Sauternes
AOP

Crémant de
Bordeaux AOP

페트뤼스(Château La Fleur-Pétrus), 샤또 트로따누아(Château Trotanoy), 샤또 르뺑(Château Le Pin) 등 초인류 양조장들이 위용을 자랑하는 곳이다.

이 밖에 보르도 지방에는 개성 있는 레드 와인을 생산하는 까농 프롱삭(Canon Fronsac AOP), 신선한 화이트 와인을 생산하는 앙트르 드 메르(Entre-Deux-Mers AOP), 가성비 뛰어난 보르도 쉬페리외르(Bordeaux Supérieur AOP) 그리고 스파클링 크레멍 드 보르도(Crémant de Bordeaux AOP) 등의 와인이 있다.

부르고뉴(Bourgogne) 와인 산지

프랑스 중동부 지역에 위치해 있으며 로마 점령기 이래의 오랜 역사를 가지고 있다. 특히 중세를 지나면서 수도원 영향 아래 특별한 포도밭 관리가 이루어졌으며, 세계에서 가장 조밀하고 복잡한 원산지 명칭 체계를 가지고 있다. 식도락의 고장이기도 한 부르고뉴 지방은 샤롤레 소고기(Boeuf de Charolais), 개구리 뒷다리(Quisse de Grenouille), 달팽이 요리(Escargot), 꼬꼬뱅(Coq au Vin, 포도주 닭찜) 등 프랑스 요리의 진수를 보여 준다. 모두 5개의 중지역으로 나뉘어 있다.

자연 환경과 토양 준대륙성 기후로 더운 여름과 추운 겨울이 있는 선선한 지역이다. 낮은 구릉성 산자락의 남동향 사면에 포도밭이 펼쳐져 있다. 부르고뉴에서 토양은 와인에 매우 지대한 영향을 미치며, 그 성분은 지역에 따라 다르다. 즉, 지질이 지역별로 천차만별이기 때문에 생산되는 와인의 개성이 다양하게 나타난다.

포도 품종 보르도와는 반대로 대부분 단일 포도 품종을 사용한 품종 와인이다. 부르고뉴의 핵심부인 꼬뜨 도르(Côte d'Or) 지역에서는 피노 누아를 사용하여 최고의 레드 와인을 생산하며, 화이트 와인은 샤르도네로 만든다. 피노 누아 와인은 풍성한 과일 향과 매끄러운 질감을 가진 섬세한 와인이나 특별한 밭에서 만들어지는 고급 와인들은 힘과 복합미를 겸비할 수도 있다.

한편 샤르도네 와인은 단단한 충만감을 주는 와인으로서 신세계의 샤르도네가 열대과일 향이 풍부한 반면, 부르고뉴에서는 미네랄이 주는 쌉쌀하면서도 우아한 풍미가 일품이다.

그 밖에 일부 높은 구릉지대나 남부 지역에서 가볍고 신선하며 과일 향 풍부한 감칠맛을 주는 '갸메'라는 적포도 품종이 단독으로 또는 피노 누아와 블렌딩되어 레드 와인을 만들 수 있다. 화이트 품종으로는 오랜 역사를 가진 알리고테(Aligoté) 품종이 있는데, 산도가 특히 인상적인 시원한 화이트 와인을 생산한다.

양조 전통과 와인 산업의 특성 부르고뉴 지방은 프랑스 대혁명과 유산 상속 제도의 결과로 포도밭이 무척 세분화된 곳이며, 경우에 따라서는 한 생산자가 포도밭의 몇 줄만 소유하고 있는 경우도 허다하다. 따라서 부르고뉴에서는 '네고시앙 엘르뵈르(Négociant-Eleveur)'라고 하는 와인 중개 생산 회사의 역할이 두드러질 수밖에 없다. 이들은 소규모 포도 재배자들로부터 포도나 와인 원액을 구입하여 자기들의 시설과 자본으로 양조, 병입, 판매한다. 대표적인 네고시앙 회사로는 루이 자도(Louis Jadot), 루이 라뚜르(Louis Latour), 죠셉 드루엥(Joseph Drouhin), 페블레(Faiveley), 부샤르 뻬르 에 피스(Bouchard

Chablis Grand Cru 포도밭 전경

Pere&Fils), 루이 맥스(Louis Max) 등이 있다.

부르고뉴의 AOP 체계 오랜 역사와 전통을 자랑하는 프랑스 AOP 제
도 중에서도 가장 다양하고 복잡한 지역이다. 먼저 전체 부르고뉴에서 생산
되는 기본 품질 와인으로는 '부르고뉴(Bourgogne AOP)'가 있고, 알리고테 품
종으로 만드는 '부르고뉴 알리고떼(Bourgogne Aligoté AOP)', 피노 누아와 갸
메를 블렌딩하여 만드는 '부르고뉴 빠쓰 뚜 그랭(Bourgogne Passe-Tout-Grains
AOP)', 그리고 부르고뉴 지방의 발포성 와인인 '크레망 드 부르고뉴(Crémant
de Bourgogne AOP)'가 있다. 그 위 등급으로 토질이 뛰어난 지역의 마을들은
마을 이름의 AOP를 가지며, 마을 AOP 중에서 더욱 뛰어난 위치의 포도밭
(Cliamt)은 일급(Premier Cru)으로 판정되어 마을 이름 뒤에 해당 포도밭의 명
칭을 붙인다. 최고의 포도밭은 특급(Grand Cru)으로 격상되며, 마을 이름을 떼
고 해당 포도밭 이름만의 독자적 AOP를 갖는다.

샤블리(Chablis) 지역

특유의 이회암성 석회질 토양에서 고급 샤르도네 와인만을 생산한다. 강

한 산미와 금속성 느낌의 솔직함을 느낄 수 있는 전통적 스타일과 풍부하고 부드럽고 유연한 현대적 스타일이 공존하고 있다. 황녹색 뉘앙스가 깃든 연한 노란색이 인상적이며, 미네랄 향과 맛이 강한 드라이 화이트 와인이다. 최근엔 오크 숙성을 통해 복합미 있는 스타일도 추구한다. 샤블리 프르미에 크뤼부터 샤블리의 느낌을 본격적으로 느낄 수 있으며, 최고의 포도밭은 남서향의 그랑크뤼 언덕 사면에 있다. 블랑

Chablis Grand Cru   Chablis 1er Cru

쇼(Blanchots)·부그로(Bougros)·레끌로(Les Clos)·그르누이(Grenouilles)·프르즈(Preuses)·발뮈르(Valmur)·보데지르(Vaudesir) 등 7개의 포도밭이 있으며, 오크 숙성을 통해 구조가 잘 잡힌 장기 보관형 와인을 만든다.

꼬뜨 드 뉘(Côte-de-Nuits) 지역

부르고뉴의 주도 디종시 남쪽에서 시작하여 나즈막한 산줄기가 남으로 뻗어내린 일련의 언덕 동쪽 사면에서 세계 최고의 레드 와인을 생산하는 지역이다. 풍부하고 깊은 향, 부드러운 미감, 비교적 높은 알코올 도수의 힘센 장기 보관형 피노 와인이다. 25개의 그랑크뤼 레드 와인 중 24개가 이 지역에 있다. 마을 명칭 AOP로는 비교적 강한 힘과 구조감이 돋보이며 나폴레옹이 애호했다던 샹베르탱 그랑크뤼가 있는 즈브레 샹베르탱(Gevrey-Chambertin AOP), 부르고뉴 레드 와인의 전형을 보이는 모레 생드니(Morey-Saint-Denis AOP), 우아하고 섬세한 매력의 샹볼 뮈지니(Chambolle-Musigny AOP), 몇 줄씩의 포도밭만을 가진 생산자들도 있어서 소유주만 무려 85명이 된다는 끌로

드 부조(Clos de Vougeot AOP), 부드럽고 품격 있는 맛감을 지닌 원만하고 부드러운 와인을 생산하는 본 로마네(Vosne-Romanée AOP)가 있다. 본 로마네에는 소위 세계 최고의 와인이라고 평가되는 '로마네 꽁띠(Romanée-Conti GC AOP)'와 '라 따슈(La Tâche GC AOP)' 등의 유명한 와인이 생산된다. 마지막으로 힘차고 강건한 스타일의 뉘 생 조르쥬(Nuits-Saint-Georges AOP) 와인도 뛰어나다.

꼬뜨 드 본(Côte-de-Beaune) 지역

레드와 화이트가 균형 있게 발전된 조화로운 모습을 보이고 있으며, 양은 적지만 오히려 화이트 와인의 명성이 높다. 우선 알록스 꼬르똥(Aloxe-Corton AOP) 마을은 가격 대비 품질이 매우 뛰어난 레드 와인을 생산하는데, 이 마을에는 오랜 역사를 가진 꼬르똥(Corton AOP) 레드 와인과 꼬르똥 샤를르마뉴(Corton-Charlemagne AOP) 화이트 와인이 유명하다.

이 지역 와인 산업의 중심지인 본(Beaune AOP)에서도 좋은 와인들이 생산되며, 남쪽의 뽀마르(Pommard AOP)는 강한 레드 와인의 전통을 가지고 있으며, 반대로 볼네(Volnay AOP)는 부드러운 레드 와인을 생산한다. 보다 남쪽의 뫼

—— 로마네 꽁띠(Romanée-Conti GC AOP)

면적 1.8ha로 축구장만한 이 포도밭과 와인은 도멘느 드 라 로마네 꽁띠(Domaine de la Romanée-Conti) 포도원의 독점 소유로 연간 생산량이 4천~6천 병밖에 되지 않는다. 프랑스 대혁명기에 '공화국 최고의 포도밭'이라는 찬사를 받았고, 그랑크뤼 와인은 명실공히 세계 최고급 최고가 레드 와인이다.

| Gevrey Chambertin | Vosne-Romagne | Meursault-Charmes | Macon-Charnay | Pouilly-Fuisse |

르쏘(Meursault AOP)는 신선한 버터 향과 견과 향 가득한 풀 보디 정상급 화이트 와인을 만들며, 두 개의 몽하쉐(Puligny-Montrachet AOP, Chassagne-Montrachet AOP) 마을에서 는 섬세함과 파워를 동반한 기품 있는 화이트 와인을 생산한다. 특히 그랑크뤼 몽하쉐(Montrachet GC AOP) 와인은 '레드 와인의 로마네 꽁띠'로 불릴 정도의 명성과 품질을 가지고 있으니 기품과 위엄, 화려함을 두루 갖춘 화이트 와인이다.

꼬뜨 샬로네즈(Côte Chalonnaise)와 마꼬네(Mâconnais) 지역의 와인들

전반적으로 꼬뜨 도르 지역 와인의 복합미에는 미치지 못하지만, 품질 대비 가격이 좋은 포도주를 생산하는 지역이다. 꼬뜨 샬로네즈의 가장 유명한 지역은 메르퀴레(Mercurey AOP)다. 맛깔스런 단단한 레드 와인과 신선한 화이트 와인을 만든다. 이 밖에 알리고떼 품종으로 만드는 유일한 마을 AOP인 부즈롱(Bouzeron AOP), 화사한 화이트 와인을 만드는 휘이(Rully AOP), 개성 있는 지브리(Givry AOP), 솔직한 화이트 몽따니(Montagny AOP)가 있다. 마꼬네 지역에서 는 가성비 좋은 샤르도네 와인인 마꽁 빌라쥬(Mâcon-Villages AOP)와 향이 풍부

한 고급 화이트 와인인 푸이이 퓌세
(Pouilly-Fuissé AOP)가 유명하다.

보졸레(Beaujolais) 와인 산지

보졸레 지방은 넓은 포도 재배 면
적과 충분한 인지도를 바탕으로 부
르고뉴에서 독립하여 독자적인 와인
산지로 인식된 지 오래다. 광활하고
도 높은 구릉과 그 속에 파묻혀 있는
로맨틱한 작은 마을들, 그리고 각 마
을에서 만드는 신선한 갸메 품종 레

Beaujolais Nouveau   Jean-Claude Lapalu 내추럴 와인   Domaine de la Grand Cour 내추럴 와인

드 와인으로 유명한 지역이다. 매년 11월 셋째 목요일에 출시되는 '보졸레 누
보(Beaujolais Nouveau)'로 우리에게 잘 알려져 있지만, 일반 와인도 잘 만든다.
특히 북부 지역에서 생산되는 와인(Beaujolais-Villages AOP)이 보다 품질이 뛰어
나며, 그중에 10개 마을(Cru)은 힘있고 진한 숙성용 와인도 생산한다.(10Cru :
생따무르(Saint-Amour), 쥴리에나(Juliénas), 쉐나(Chénas), 물랭아방(Moulin-à-Vent),
플뢰리(Fleurie), 쉬루블(Chiroubles), 모르공(Morgon), 헤니에(Régnié), 브루이
(Brouilly), 꼬뜨 드 브루이(Côte-de-Brouilly)) 최근 이 지역에서는 개방적이며 창
의적인 생산자들이 '내추럴(Natural)' 양조 기법으로 독특한 아방가르드 와인
을 생산하고 있어 높이 평가받고 있다.

론(Rhône) 와인 산지

프랑스 남동부 론강 유역의 와인 산지는 북부와 남부로 나뉘어져 있다. 북
부 론 지역은 강을 끼고 있어 자연적으로 형성된 가파른 계곡의 경사지에 포
도를 심어 가꾼다. 이 지역의 주품종은 시라인데, 힘 있고 풍부한 질감의 레드
와인을 생산한다. 약간의 화이트 와인과 발포성 와인도 찾아볼 수 있다.

| Chateauneuf-du-Pape | Chateauneuf-du-Pape Blanc | Tavel | Hermitage | Champagne Rose |

기걀(E. Guigal) 포도원의 노력으로 최근 명성을 높이고 있는 꼬뜨 로띠(Côte-Rôtie AOP)는 진하고 강한 레드 와인을 생산하는데, 특히 기걀에서 만드는 삼총사 라 뛰르끄, 라 랑돈느, 라 물린느 와인은 현대풍 시라 와인의 최고봉이라 할 수 있다. 한편 보다 클래식한 에르미타쥬(Hermitage AOP)는 로마 점령기 이래의 유수한 명산지로서 진하고 깊이 있는 색상, 균형 잡힌 몸매와 탄탄한 조직, 신선한 레드 블랙베리 과일 향과 후추·제비꽃이 특징으로, 웅장함이 섬세함을

갈레 훌레(Galets roulés)

샤또뇌프 뒤 빠쁘 와인 산지의 상징 이미지인 이 돌은 론강의 형성기 때 떠내려온 것인데, 주먹보다 더 큰 돌들이 상당한 깊이로 쌓여 있어 낮에 태양열을 축적했다가 밤에 다시 내뿜으며 포도의 완숙에 기여한다.

해치지 않는 조화가 돋보이는 전통적 고급 와인이다. 샤뿌티에(M. Chapoutier), 뽈 자불레(Paul Jaboulet Aine) 등의 양조장이 선두 업체다.

론강을 끼고 길쭉하게 이어지는 생죠셉(Saint-Joseph AOP)은 미디엄 보디의 순수한 시라 와인을 접할 수 있고, 약간은 야생적인 시라의 강인한 면모를 느낄 수 있는 코르나스(Cornas AOP)도 매력이 넘친다. 한편, 화려하고 풍부한 향을 자랑하는 비오니(Viognier)에 품종으로 꽁드리유(Condrieu AOP)와 샤또 그리예 (Château-Grillet AOP)는 북부 론 화이트 와인의 자랑이다.

지형과 품종면에서 론 남부는 북부와는 판이하게 다르다. 북부가 거의 시라 단일 품종에 가깝다면, 남부는 넉넉한 그르나슈 품종을 중심으로 한 20 여 가지 지중해 품종의 블렌딩 천국이다. 남부 론의 가장 대표적인 와인은 샤 또뇌프 뒤 빠쁘(Châteauneuf-du-Pape AOP)다. 드넓게 깔려 있는 커다란 자갈 (Galets roulés)이 인상적인 이 마을의 와인은 알코올 파워를 기반으로 하는 힘 과 넉넉한 풍요로움이 전매특허다. '13가지 품종의 교향악'이라는 샤또뇌프 뒤 빠쁘의 이미지에 충실한 샤또 드 보카스텔(Château de Beaucastel), 반면 그 르나슈 단일 품종만 고집하는 샤또 하야스(Château Rayas), 비유 뗄레그라프 (Vieux Télégraphe) 등이 명성이 높다. 그 외에 '미니 샤또뇌프 뒤 빠쁘' 지공다 스(Gigondas AOP), 프랑스와 1세의 애주였던 로제 와인 타벨(Tavel AOP), 그리 고 가장 대중적인 꼬뜨 뒤 론(Côtes-du-Rhône & Villages AOP) 등 다채로운 와인 을 생산한다.

샹파뉴(Champagne) 와인 산지

프랑스 와인 하면 샹파뉴를 빼놓을 수 없다. 축제와 기쁨의 술인 샹파뉴는 프랑스 북동부 샹파뉴 지방의 정해진 영역에서 삐노 누아, 삐노 므니에, 샤르 도네의 3가지 포도 품종을 가지고 2차 병입 발효 공정을 사용하여 만들어진 스파클링 와인에 한정된 AOP이다. 그 밖의 지역에서는 아무리 같은 품종, 같 은 방법으로 만들었다 해도 'Champagne'라는 명칭을 붙일 수 없다.

3가지 품종을 블렌딩하고 여러 해의 와인을 합해 만든 일반 샹파뉴(Non-Millesimé)에서부터 특별한 해에만 만드는 빈티지 샹파뉴, 그리고 각 샹파뉴 회사의 명예를 상징하는 최고급 프리미엄 샹파뉴까지 다양한 스타일과 품질의 샹파뉴를 찾을 수 있다. 주요 생산자와 대표 와인은 다음과 같다. 로랑 뻬리에(Laurent-Perrier, 'Grand siécié'), 모엣 샹동(Moët & Chandon, 'Dom Pérignon'), 떼뗑저(Taittinger, 'Comte de Champagne'), 루이 뢰데레(Louis Roederer, 'Cristal'), 폴로저(Pol Roger, 'Sir Winston Churchill') 그리고 귀족적인 쌀롱(Salon)과 크루그(Krug)가 있다.

기타 프랑스 와인 산지

중부 루아르(Loire)강 유역에서는 신선한 뮈스카데(Muscadet AOP) 화이트 와인과 핑크빛 유혹의 로제 당쥬(Rosé d'Anjou AOP), 그리고 지역 대표 청포도인 슈냉 블랑 품종으로 만드는 달콤한 본조(Bonnezeaux AOP)와 기품 있는 드라이 화이트 사베니에르(Savennières AOP)가 있다. 강 중부 지역에는 까베르네 프랑 품종으로 만드는 단품종 레드 와인들이 생산되며, 중부 동쪽 끝에서는 소비뇽 블랑 품종으로 만드는 미네랄 풍부한 강직한 화이트 와인 상세르

Minervois   Faugeres   Pay'Oc   Rose d'Anjou   Savennieres   Sancerre   Chinon

(Sancerre AOP)와 푸이이 퓌메(Pouilly-Fumé AOP)가 유명하다. **알자스** 지방에서는 화이트 와인이 강세이며, 산도 높고 드라이한 리슬링, 화려한 게부르츠트라미너와 피노 그리(Pinot Gris)를 중심으로 품종 와인을 생산한다. 중동부 산악 지방의 **쥐라(Jura)**에서는 산화된 독특한 개성이 돋보이는 뱅존느(Vin Jaune)와 스위트 뱅 드 빠이으(Vin de Paille)가 특징적이다. 뜨거운 태양의 남부에서는 프로방스 지방의 방돌(Bandol AOP) 와인과 **랑그독 루씨용** 지방의 와인들이 최근에 급성장하고 있다. 피레네산맥 쪽 프랑스 **남서부(Sud-Ouest)**의 다양한 산지 중에서는 오랜 전통의 꺄오르(Cahors AOP)와 최근의 마디랑(Madiran AOP)이 돋보인다.

전통과 다양성, 이탈리아 와인

이탈리아는 북반구에 위도 37~47° 사이에 위치하고 북서에서 남동으로 1,500km에 걸쳐 있는 긴 나라이며, 산지가 많고 지형 기복이 심하여 기후가 매우 다양하다. 예를 들면 남쪽의 지중해성 해양과 동쪽의 아드리안 해안, 북쪽의 알프스산맥 지역에 이르기까지 극심한 차이를 보이고 있다. 3천 년 이상의 오랜 포도 재배 전통을 가지고 있는 이탈리아의 와인 산업은 지중해 민족으로서의 국민성과 정치적 상황의 영향을 그대로 안고 있다. 오랜 시간 각 지방의 토착 포도 품종을 중심으로 전통적 방법을 사용하여 개성이 강한 포도주를 생산해 왔다. 그러나 1960년대 이후 유럽 와인 생산 국가들의 와인 산업 제도화와 품질 좋은 뉴월드 와인의 도전에 직면한 이탈리아의 새로운 세대들은 이탈리아 와인 산업의 미래를 걱정하며 품질 향상에 힘을 쏟았다. 이제 그 노력은 결실을 맺어 21세기 초반기는 이탈리아 와인 산업의 르네상스라고 불러도 손색이 없을 정도가 되었다.

품질 관리 제도와 등급 분류　이탈리아 와인 품질 등급의 가장 하위에는

발레
다오스타

트렌띠노
알토 아디제

프리울리
베네찌아 쥴리아

프란치아꼬르따

베네또

소아베

피에몬테

롬바르디아

발폴리첼라

아스티

비롤로
바르바레스코

리구리아

에밀리아-로마냐

끼안띠

토스카나

마르께

볼게리

몬탈치노
몬테풀치아노

움브리아

아브루쪼

라찌오

따우라지

깜빠니아

뿔리아

사르데니아

깔라브리아

마르살라
빨레르마

시칠리아

에트나 화산

이탈리아 와인 산지

바롤로 와인 산지 부드러운 능선의 라모라(La Morra) 마을 주변이 최고의 명산지이다.

'비노 다 따볼라(Vino da Tavola, VdT)'가 있으며, 간단히 로쏘(Rosso)·비안코 (Bianco)·로자또(Rosato) 등 와인 색상만 표시되는 기본 품질의 일상 와인이다. 그 위에는 'IGP(Indicazione Geografica Protetta, 옛 IGT로 혼용)' 등급이 있다. 주로 행정 구역 명칭을 딴 중·대지역명 표시 와인으로, 이탈리아 전역에 120여 개의 IGP가 있다. 레이블에 지역명과 품종명도 표시할 수 있으며, 생산 규정이 엄격하지 않아 창의적 와인들이 생산될 수 있다.

그 다음 DOC 등급은 프랑스의 AOP처럼 제한된 지역에서 일정한 규제를 받으면서 생산되는 와인이다. 모두 330여 개의 DOC가 있으며, 평판이 뛰어난 DOC는 심사를 거쳐 DOCG로 승급할 수 있다.

최정상에는 DOCG(Denominazione di Origine Controllata e Garantita)가 있다. 이탈리아 정부가 와인의 전통과 명성, 품질을 보증한다는 명목 부위에 고동색 인증 밴드를 붙인다. 최고 등급 DOCG라고 해서 모두 다 비싼 것은 아니며, 아스티(Asti DOCG) 같은 경우는 2~3만 원대에 팔린다. 현재 77여 개의 DOCG가 있다(2022년 현재). 그리고 좋은 떼루아를 가진 DOC 지역에서 생산되는데, 그 생산 규정을 따르지 않았기 때문에 VdT나 IGP로 상품화되는 경우도 있다. 해당 DOC에 허용되지 않은 품종이나 방법으로 만들었을 경우다. 와인 전문가나 애호가들은 이런 와인의 창의적 발상이나 특별한 품질을 인정하여 높은 가격을 쳐 주기도 한다.

포도 품종 세계 최다 수준의 포도 품종을 보유하고 있는 이탈리아에서는 수백 종의 품종으로부터 실효적으로 시판용 와인이 생산되고 있다. 적포도 품종으로는 피에몬테 지방의 고품질 레드 와인으로 유명한 바롤로, 바르바레스코를 생산하는 네비올로(Nebbiolo), 산미가 강한 미디엄 보디 와인을 만드

이탈리아 와인 레이블 : 품질과 스타일 관련 용어 정리

- 양조장 : Azienda Agricola, Castello, Fattoria, Podere, Tenuta.
- 리제르바(Riserva) : 고급 와인이 오크 통이나 병 안에서 평균보다 오랫동안 숙성되었을 경우
- 클라시꼬(Classico) : 해당 원산지 내의 가장 알짜배기 지역, 품질이 좋은 지역을 의미한다.
- 수뻬리오레(Superiore) : 기본 DOC보다 알코올 도수가 더 높은 경우에 적용된다.
- 당도 : 세꼬(Secco=Dry), 아보까또(Abboccato=M-Dry), 아마빌레(Amabile=M-Sweet), 돌체(Dolce=Sweet)
- 아빠시멘또(Appassimento) : 포도를 말리는 공정
- 빠시또(Passito) : 말린 포도 또는 그 포도로 만든 스위트 와인
- 레치오또(Recioto) : 말린 포도로 만든 스위트 와인
- 아마로네(Amarone) : 말린 포도로 만든 드라이 와인
- 프리잔티노(Frizzantino) : 미발포성
- 프리잔테(Frizzante) : 약발포성
- 스푸만테(Spumante) : 강발포성
- 메또도트라디찌오날레(Metodo Tradizionale), 메또도 끌라시꼬(Metodo Classico)
  : 병입 2차 발효 방식으로 생산된 스파클링 와인

는 바르베라(Barbera), 부드럽고 신선한 와인을 생산하는 돌체토(Dolcetto), 베네또 지방에서 견실한 레드 와인을 만드는 꼬르비나(Corvina), 토스카나 지방에서 끼안티(Chianti)를 중심으로 중부 지역의 레드 와인 생산에 쓰이는 산지오베세(Sangiovese=Brunello), 아드리아해 연안의 중동부 지방의 몬테풀치아노(Montepulciano), 남부 뿔리아 지방의 프리미티보, 깜빠니아 지방의 알리아니코(Aglianico), 시칠리아의 네로 다볼라(Nero d'Avola) 등이 있다.

청포도 품종으로는 피에몬테의 코르테제(Cortese)와 아르네이스(Arneis), 베네또 지방의 가르가네가(Gargenaga), 북동부 지방의 피노 비안코, 피노 그리지오, 에밀리아·로마냐 지방의 알바나(Albana), 마르께 지방의 베르디끼오(Verdicchio), 중동부 지방의 트레비아노(Trebbiano), 토스카나 지방의 베르나치아(Vernaccia)와 베르멘티노(Vermentino), 깜빠니아 지방의 피아노(Fiano)·그레꼬(Greco), 시칠리아 지방의 인졸리아(Inzolia)·까따라또(Catarratto) 등을 꼽을 수 있다. 그럼 다양한 이탈리아 20여 개 와인 산지와 와인의 스타일을 알아보자.

북서부 지방 와인 산지(피에몬테를 중심으로)

바롤로(Barolo DOCG)는 이 지역 최고의 와인이자 이탈리아 와인을 대표하는 고급 브랜드다. 명실공히 이탈리아 최고의 DOCG로서 네비올로 품종의 가장 숭고한 표현을 느낄 수 있다. 바롤로 와인의 대명사는 '웅장함'이다. 네비올로 품종의 특성상 색상은 연하지만 향과 타닌이 매우 풍부하여 시간이 흐르면서 복합미와 부께를 형성하는 숙성 진화 능력이 뛰어나다. 10년 이상 숙성시켜야만 비로소 부드러워지기 시작하는 거친 타닌의 풀 보디 와인, 이 것이 바롤로의 전통적인 이미지다. 물론 최근의 일부 생산자들은 보다 부드러운 현대적 스타일의 바롤로를 생산하기도 한다.

바롤로에 비해 부드럽고 우아한 바르바레스코(Barbaresco DOCG)는 유연미를 겸비한 매력적인 고급 레드 와인이며, 생산자에 따라 바롤로만큼의 힘있

| Barolo | Barbaresco | Roero Arneis | Barbera d'Asti | Langhe Nebbiolo |

는 와인을 접할 수도 있다. 기타 지역에서는 랑게 네비올로(Langhe Nebbiolo DOC), 네비올로 달바(Nebbiolo d'Alba DOC), 가티나라(Gattinara DOCG) 등이 가성비 좋은 네비올로 와인들이다.

피에몬테의 모스카또 와인 2종

먼저, 모스카또 다스티(Moscato d'Asti DOCG)는 가장 대중적이며 섬세한 미디엄 스위트 와인으로, 미발포성 와인이다. 알코올이 낮아 5~6%vol 정도로, 마치 사이다 와인 같은 느낌을 준다. 초보 애호가를 중심으로 언제 어디서나 가볍게 한잔하기 좋은 스타일이다. 반면, 아스티(Asti DOCG)는 3~4bar 정도의 약한 압력을 가진 스파클링 와인으로 부드러운 거품과 싱싱한 머스켓 포도 향, 리치 향 등 달콤한 향과 맛을 가졌다. 두 종류 모두 구입 후 바로 마시는 것이 좋으며, 6~8°C로 차게 마셔야 한다.

한편, 이탈리아 와인의 르네상스를 통하여 새롭게 부각된 와인이 있다면 단연 바르베라 품종으로 만든 여러 와인들이다. 바르베라는 고품질 이미지는 가지고 있지 않지만 이탈리아의 대표적 품종 중 하나로 피에몬테가 주 무대다. 부드러운 타닌에 색상도 진하고 풍미도 깊고 산도도 매우 높아 잘 만든 바르베라 와인(Barbera d'Alba DOC, Barbera d'Asti DOCG)들은 바르바레스코와 견줄 만하다. 그 밖에 부드러운 레드 돌체토(Dolcetto d'Alba DOC, 돌리아니 Dogliani DOCG) 와인들의 품질도 급상승하고 있으며, 신선하고 향긋한 화이트 가비(Gavi DOCG)와 아르네이스 품종으로 만든 깔끔하고 강한 미네랄 특성이 도드라지는 멋진 드라이 화이트 와인들(Roero Arneis DOCG, Langhe Arneis DOC)도 결코 놓칠 수 없다.

고개를 돌려 바다 쪽으로 알프스산맥을 넘으면 리구리아 해안가에 지역 토착 청포도 품종으로 만든 멋진 화이트 와인들이 많으니, 칭퀘떼레(Cinque Terre) 관광지에서 마셔보기를 권한다. 발걸음을 북중부 롬바르디아 지방으로 옮기면 북쪽 알프스 계곡에 개성미 넘치는 기골찬 레드 발텔리나(Valtellina DOC&G) 와인들이 네비올로 품종 애호가를 기다린다. 중부 지역의 프란치아

Soave   Prosecco   Amarone della   Friuli, Josco Gravner,
                                  Valpolicella   Amphora

꼬르타(Franciacorta DOCG)에서는 이탈리아 최고 품질의 샹파뉴 방식 정통 드라이 스파클링 와인이 생산된다.

북동부 지방 와인 산지(베네또를 중심으로)

이탈리아 북동부 지방은 다른 어느 지역보다도 먼저 외래 품종과 현대적 양조 기술을 도입한 곳이며, 알프스와 돌로미티산맥이 만든 잔 구릉지대에서 개성미 넘치는 멋진 와인들을 생산한다.

먼저, 베네또 지방의 소아베(Soave DOC) 와인은 대부분 가볍고 새콤한데, 클라시코 지역에서 생산된 소아베가 품질이 좋다. 베로나시 북부 구릉지대에서 생산되는 발폴리첼라(Valpolicella) 와인은 코르비나(Corvina)를 주품종으로 블렌딩해 생산되는 레드 와인인데 수뻬리오레 급이 품질이 우수하며, 말린 상태의 농축된 포도로 만드는 드라이한 아마로네(Amarone della Valpolicella DOCG)는 높은 알코올 도수와 농축된 풀 보디감의 강력한 레드 와인이다.

그 오른편 북동부 광활한 지대에서 생산되는 프로세코(Prosecco DOC&G) 와인은 세계 3대 스파클링 브랜드로, 이탈리아 스파클링 와인의 위상을 높여 주며, 향긋한 배향과 굴내음이 깃든 상냥하고 부드러운 대중적 발포성 와인이다.

한편, 동쪽 끝 슬로베니아 국경 지대에서는 지역 품종인 프리울라노(Friulano), 리볼라 지알라(Ribolla Gialla) 등을 사용하여 껍질을 오랫동안 침용시켜 생산하는 앰버(Amber) 색상의 일명 '오렌지 와인' 생산 전통이 강하다.

중부로 내려가기 직전의 에밀리아 로마냐 지방에서는 알바나 디 로마냐(Albana di Romagna DOCG) 화이트 와인이 두각을 나타내며, '레드 콜라'라는 별명의 미발포성 람브루스코(Lambrusco DOC) 와인도 흥미롭다.

중부 지방 와인 산지(토스카나를 중심으로)

토스카나는 이탈리아의 중서부 심장부에 위치한 전통적 고급 와인 산지다. 서쪽 지중해 연안에서 동쪽 아펜니노산맥의 발치에 이르기까지 천연의

| Chianti Classico, Felsina | Toscana IGT, Fontalloro | Vin Santo, Badia Coltibuono | Brunello di Montalcino, Barbi | Bolgheri, Aia Vecchia, Sor Ugo | SassoAlloro, Jacopo Biondi Santi |

구릉지대에서 세계적 명성의 토착 산지 오베제 품종으로 다양한 명칭의 레드 와인을 생산하는 곳이다. 대표적 브랜드라면 단연 끼안티(Chianti)다. 체리와

───── 수퍼 터스칸(Super-Tuscan)

주로 보르도 품종으로 만들어져 작은 프랑스 오크 통 (Barrique) 배양 및 숙성을 거친 소량의 고품질 와 인들로, 사용된 포도 품종이나 양조 방법이 해당 지역 의 DOC 규정에 부합하지 않았기 때문에 수준 이하 의 등급(VdT, IGT)을 받은 와인들을 총칭하는 용어 였다. 현재는 외래 품종을 사용하여 현대적 양조 기술 로 빚은 와인들에 공통으로 사용되어 매우 일반화된 호칭이 되었다. 국내에 들어와 있는 수퍼 터스칸은 전 통적인 싸시까이야(Sassicaia), 솔라이야(Solaia), 마쎄또(Masseto), 오르넬라이야(Ornellaia), 티냐넬로(Tignanello), 루체(Luce), 삼마르꼬 (Sammarco) 외에도 비교적 대량 생산되는 수퍼 터 스칸 스타일 와인들이 수십 종에 이른다.

산딸기 등 신선한 과일 향과 싱싱한 자두의 잘 익은 느낌이 공존하는 구조감 있는 품질의 끼안티는 끼안티 클라시코(Chianti Classico DOCG)급에 가서야 느낄 수 있으며, 보다 우수한 부르넬로 클론(Clone)으로부터 생산되는 브루넬로 디 몬탈치노(Brunello di Montalcino DOCG) 와인에서 정점의 복합미와 힘을 느낄 수 있다.

이 밖에 우아하고 귀족적인 비노 노빌레 디 몬테풀치아노(Vino Novile di Montepulciano DOCG), 준수한 레드 모렐리노 디 스칸사노(Morellino di Sansano DOCG)도 기억할 만하며, 해안가에서는 수퍼 터스칸 스타일 와인의 온상 볼게리(Bolgheri DOC)가 유명하며, 이웃 마렘마 지구에서도 메를로·시라 등 국제 품종이 잘 재배되고 있다.

끼안티 클라시코 와인의 상징
'검은 수탉' 로고

이웃한 내륙의 움브리아(Umbria) 지방에서는 사그란티노(Sagrantino) 품종으로 만드는 몬테팔코(Montefalco Sagrantino DOCG) 레드 와인이 극강의 빳빳한 타닌감을 뽐내며, 화려한 대성당을 자랑하는 오르비에또(Orvieto DOC)에서는 대중적 화이트 와인을 생산한다.

한편, 아펜니노산맥의 동편 구릉지대에서는 화사함과 미네랄 특성을 동시에 살린 매력적인 베르디끼오(Verdicchio) 품종 화이트 와인이 빛을 뽐고 있으며, 몬테풀치아노와 트레비아노 품종으로 생산된 대중적 스타일의 레드 화이트 와인이 생산되는 곳이다.

남부 지방 와인 산지

이탈리아에서 가장 덥고 가장 건조한 남부지역은 고대 로마 이래 왕성하게 포도를 재배해 오던 곳이다. 지중해 와인의 전통을 그대로 나타내는 묵직하고 진득한 레드 와인과 화이트 와인이 만들어진다.

먼저, 깜빠니아 지방에서는 강력한 타닌을 가진 알리아니꼬 품종으로 생

| Montepulciano Abruzzo | Primitivo di Maduria | Etna, PassoRosso | Nero d'Avola | Terre Nere, San Lorenzo |

산되는 따우라지(Taurasi DOCG) 등의 레드 와인들이 처음에는 다소 거칠지만 숙성을 통하여 부드러워지는 멋진 레드를 생산하며, 청포도인 피아노·그레꼬·팔랑기나(Falanghina) 삼총사 품종이 만드는 마성의 화이트 품종 와인은 이탈리아 정상급 품질을 자랑한다.

지도상으로 구두 뒷굽에 해당하는 뿔리아(Puglia) 지방에서는 미국 진판델의 원조로 알려진 프리미티보 품종과 네그로아마로(Negroamaro), 네로 디 트로이아(Nero di Troia) 품종으로 생산되는 진하고 부드러운 레드 와인도 식탁에 풍요로움을 준다.

한편, 바다 건너 시칠리아 섬에서는 유럽 최대 활화산인 에트나(Etna DOC) 산 허리에 조성된 검은 화산토질 밭에서 네렐로 마스칼레제(Nerello Mascalese) 품종으로 생산되는 레드 와인과 까리깐테(Carricante) 품종으로 생산되는 화이트 와인이 대단히 세련된 인상을 주며 세계인을 감동시키고 있다. 이웃한 사르데냐 섬에서는 베르멘티노 화이트 와인(Vermentino di Gallura DOCG)과 까노나우 품종 레드 와인(Cannonau di Sardegna DOC)이 대표성을 갖는다.

지중해의 자존심, 스페인 와인

스페인 역시 로마 점령기 이래의 오랜 전통을 가지고 있었으나, 8세기 이후 이슬람 세력의 지배를 받으면서 쇠퇴했다가 다시 가톨릭 세력이 영토를 회복한 이후 발전하기 시작했다. 특히 1870년대 필록세라가 프랑스 전역의 포도밭을 강타하자, 프랑스의 와인상들은 와인을 구하기 위하여 피레네산맥을 넘어 스페인을 찾았고, 이때 프랑스의 포도 재배·양조 기술이 이전되었다. 20세기 중엽까지도 유럽 각국에 테이블 와인 원료를 공급하는 저렴한 와인의 이미지를 가지고 있었으나 20세기 말부터 이어지는 일련의 '스페인 와인 르네상스' 시기를 지나며 전통의 명가와 신흥 와인 생산자들이 보조를 맞추며 발전하고, 고온 건조한 기후와 척박한 토질을 바탕으로 친환경 재배에도 힘을 쏟고 있다. 일부 아방가르드 생산자들은 내추럴 와인, 오렌지 와인, 내추럴 펫낫(Pét-Nat) 스파클링 등 최신 유향을 선도하고 있는 역동적인 생산지가 되었다.

품질 등급 및 숙성 스타일　분류 스페인 와인 등급은 이탈리아의 와인 등급과 유사한 4단계 구조다. 가장 기본이 되는 비노 데 메사(Vino de Mesa) 와인은 지역명과 빈티지가 표시되지 않으며, 블랑꼬(Blanco 화이트)·띤또(Tinto 레드)·로사도(Rosado 로제) 색상만 표기된다. 그 위에 46개의 광역 지역에서 생산되는 비노 데 라 티에라(Vino de la Tierra)가 있으며, 그 위에 고급 와인으로서 DO(Denominacion de Origen)가 있다. 총 70여 개에 달하는 DO는 사실상 스페인의 모든 고급 와인을 포괄하는 등급으로, 프랑스의 AOP·이탈리아의 DOC에 해당된다. 최상급은 DOC(Denominacion de Origen Calificada)인데, 리오하(Rioja)와 프리오랏(Priorat)만이 해당된다. 일종의 '슈퍼-DO'라고 볼 수 있다.

한편, 스페인 와인의 레이블에는 특이하게도 와인의 숙성 기간에 따라 스타일을 분류하는 몇 가지 용어를 사용한다. 먼저 '비노 호벤(Vino Joven)'이란 표현은 정제 과정을 거친 후 숙성시키지 않고 바로 병입해 판매되는 와인을 말한다. 햇와인인 셈이다. 다음으로는 '비노 신 크리안사(Vino sin Crianza)'가 있는

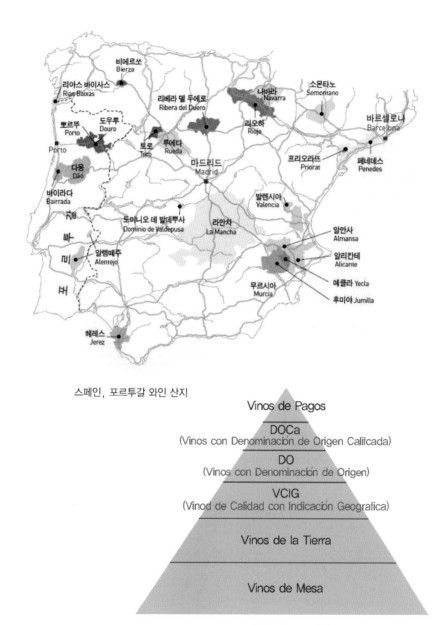

비에르쏘
Bierzo

리아스 바이사스
Rias Baixas

리베라 델 두에로
Ribera del Duero

나바라
Navarra

소몬타노
Somontano

뽀르뚜
Porto

도우루
Douro

토로
Toro

루에다
Rueda

리오하
Rioja

바르셀로나
Barcelona

Porto

다옹
Dão

마드리드
Madrid

프리오라뜨
Priorat

페네데스
Penedes

바이라다
Bairrada

도미니오 데 발데뿌사
Dominio de Valdepusa

라만차
La Mancha

발렌시아
Valencia

알만사
Almansa

알렌떼주
Alentejo

알리칸테
Alicante

예클라 Yecla

무르시아
Murcia

후미야 Jumilla

헤레스
Jerez

스페인, 포르투갈 와인 산지

Vinos de Pagos

DOCa
(Vinos con Denominación de Origen Calilicada)

DO
(Vinos con Denominación de Origen)

VCIG
(Vinod de Calidad con Indicación Geografica)

Vinos de la Tierra

Vinos de Mesa

스페인 품질 등급 체계

데, 1년 정도 스테인레스조에서 숙성하고 또한 6개월 병 안에서 숙성할 수 있다. 그 위 단계부터가 고급 와인으로 '비노 데 크리안사(Vino de Crianza)'는 최소 6개월의 오크 통 숙성을 포함하여 총 2년 동안 숙성한 뒤 병입 판매될 수 있다. 신선한 과일 풍미와 적절한 오크 향이 배어 있는 스타일이다. '레세르바(Reserva)'는 최소 1년의 오크 통 숙성을 포함해 모두 3년의 숙성을 거쳐야 한다. 과일 풍미와 오크 향, 조화된 완숙미가 느껴지는 스타일이다. 마지막으로 '그란 레세르바(Gran Reserva)'는 최소 18개월의 오크 통 숙성을 포함하여 총 5년의 숙성 기간을 지나 6년째에 판매할 수 있다. 그란 레세르바 와인은 매년 만들지 않고 특별한 빈티지 해에만 생산하며, 오크 향과 동물 향 등 3차 향과 세월의 묵은 내음이 깃든 원숙미가 느껴지는 스타일이다. 꼭 오래 숙성시켰다고 좋은 것은 아니므로 본인의 기호와 함께하는 음식에 따라 선택하면 된다.

포도 품종　스페인에는 약 600여 종의 품종이 있지만 포도밭의 80%는 약 20여 종의 품종으로 이루어져 있다. 이들 토착 품종 외에 외래 국제 품종들도 점점 재배 면적이 늘고 있다.

먼저, 적포도로는 스페인의 간판스타 템프라니요(Tempranillo)가 단연 두각을 나타낸다. 띤또 피노(Tinto Fino), 센시벨(Cencibel) 등 40여 가지 다른 이름으로 불릴 정도로 매우 광범위한 지역에서 재배된다. 이름이 뜻하는 바와 같이 조생종이며, 섬세하며 향이 좋다. 과일 풍미, 향신료 풍미, 허브향을 가지며 오크와의 친화력이 좋아 복합미를 이루어내는 능력이 탁월하다. 산미와 타닌·구조감 등이 좋아 단품종 와인도 생산되며, 다른 품종과 블렌딩하기도 한다. 우아한 스타일의 리오하 와인과 강직한 스타일의 리베라 델 두에로 와인이 대표적이며, 광대한 가스티야 라만차 지방에서는 가성비 뛰어난 맛갈스런 레드 와인을 생산한다. 그 밖에 온화한 열기를 더해 주는 가르나차(Garnacha), 색상과 타닌, 향이 짙은 모나스트렐(Monastrell), 산미와 개성미를 주는 까리녜냐(Cariñena=Mazuelo) 품종 등이 스페인 레드 와인의 주력이다. 청포도로는 가볍고 미묘한 풍미의 비우라(Viura=Maccabeo), 생동감 있는 미네랄 인상의 베르데호(Verdejo), 신선하고 화사한 알바리뇨(Albariño), 셰리 와인을 만드는 팔로미노(Palomino) 품종 등이 개성 넘치는 스페인 화이트 와인을 생산하고 있다.

북서부 지방 와인 산지

대서양의 영향을 받아 스페인에서 가장 신선하고 서늘한 기후 지역이다. 대표 와인 리아스 바이사스(Rias Baixas DO)는 지역 특화 품종인 알바리뇨를 주력으로 생산된다. 높은 산미와 신선한 과일 향, 향긋한 꽃내음, 부드러운 퍼퓸이 인상적인 화이트 와인으로서 굴, 게, 가리비, 거북손, 문어 등 향토 해산물 요리와 잘 어울린다. 북부 프랑스 접경 지역의 바스크 지방에서 생산되는 차콜리나(Bizkaiko Txakolina DO) 화이트 와인도 매우 인상적이며 훌륭하다.

중북부 지방 와인 산지

피레네산맥 쪽에서는 리오하(Rioja), 나바라(Navarra), 아라곤(Aragon)이 중요한 와인 산지다. 대표 산지인 리오하 지역은 높은 해발 고도 구릉지대에서부터 에브로(Ebro)강 유역까지 프랑스의 영향을 받아 잘 정리된 포도밭을 가지고 있다. 떼루아에 따라 3개의 내부 구획으로 나뉘어진다. 템프라니요 품종이 주력이며 가르나차, 마쑤엘로, 그라시아노(Graciano) 등이 블렌딩된다. 초기에는 미국 오크 통을 주로 사용하여 이미지를 구축했으며, 최근에는 프랑스 오크 통도 섞어 사용한다. 모방할 수 없는 오크와 바닐라 뉘앙스, 산미와 구조감의 안정감으로 섬세한 레드 와인을 생산하는 명산지다. 이웃한 나바라 지방에서는 가르나차를 주로 사용하여 만드는 로제 와인이 특별히 유명하며, 아라곤 지방에서도 고유한 개성과 향토색 넘치는 레드·화이트 와인이 생산된다.

한편, 산맥 하나를 넘어 중부로 내려가면 두에로(Duero)강 유역에 형성된 또 하나의 최고급 와인 산지를 만날 수 있다. 700m 해발 고도에 대륙성 기후의 영향을 받으나 강의 영향으로 온도 조절 혜택을 입고 있다. 스페인적 강건

| La Mancha | Rias-Baixas | Rioja Carlos Serres Old Vines | Rioja Faustino | Emporda |

함을 지닌 레드 와인으로서 '띤또 피노'라 불리는 템프라니요의 지역 변종과
국제 품종들을 블렌딩하여 만든 리베라 델 두에로(Ribera del Duero DO)가 대
표 와인이다. 스페인의 뻬뜨뤼스로 불리는 베가 시칠리아(Vega Sicilia) 양조장
이 있는 곳이다. 그 서편에는 생동감 있고 미네랄 표현이 좋은 베르데호 품종
화이트 와인 산지 루에다(Rueda DO)가 있으며, 더 내려가면 황소 같은 폭발적
힘을 가진 또 다른 템프라니요 레드 와인 산지 또로(Toro DO)가 있다. 북서부
지역과의 경계까지 가면 두메산골 가파른 지형에 '멘시아(Mencia)'라는 독특
한 품종으로 개성 있는 레드 와인을 생산하는 비에르쏘(Bierzo DO)도 눈길을
끌고 있다.

북동부 지방 와인 산지

스페인에서 경제력이 가장 풍부하고 독립 성향이 강한 카탈루냐(Cataluña)
지방에서는 전 세계인의 아낌없는 사랑을 받고 있는 스파클링 와인 까바(Cava
DO)가 생산되는 중심지다. 까바는 샹파뉴 방식으로 제조한 스페인의 스파클

링 와인을 부르는 DO 명칭이다. 마카베오·빠레야다(Parellada)·싸렐루(Xarel·lo) 품종을 균등히 블렌딩하여 생산되며, 식물성의 청량한 개성과 미네랄 특성이 돋보이는 시원한 발포성 와인이다. 불세출의 건축가 안토니오 가우디의 유산이 가득한 화려한 예술의 도시 바르셀로나를 떠올리며 까바를 마셔 보자. 근방의 뻬네데스(Penedes)도에서는 스페인 와

까바 선물세트

인 현대화의 기수인 미겔 토레스(Migeul Torres)가 프랑스 품종을 심어 프랑스 오크 통에 숙성시키면서 국제적 스타일의 세련된 와인을 생산하고 있다. 좀 더 남쪽 산악 지대로 올라가면 중세 이래 포도 재배가 중단되어 방치되었다가 1970년대 신세대 와인 생산자들이 대거 그룹으로 입산하면서 거칠은 자연을 극복하고 일구어 낸 고품질 고농축 와인들로 일약 세계적 조명을 받게 된 와인 산지 프리오랏(Priorat, Priorato DOC)이 있다.

중부 내륙과 동부 해안 와인 산지

지중해의 따뜻한 기운과 해안 산맥의 고지대 척박한 지형이 만난 매우 특별한 떼루아 속에서 모나스트렐과 가르나차 품종으로 21세기를 깨운 스페인 와인 산업의 다크호스 산지다. 앞으로 성장 잠재력이 매우 풍부한 지역으로 알리칸테(Alicante DO), 예클라(Yecla DO), 후미야(Jumilla DO), 알만사(Almansa DO) 등의 와인이 생산된다. 한편, 국토의 정중앙부 십수만 ha에 달하는 광대한 포도밭이 있는 가스띠야 라만차(Castilla-La Mancha) 지방은 대륙성 기후의 메세타 고원 지대로서 관개 시설을 갖춘 대량 생산 체제로 VdT·VdlT급 와인을 생산하기도 하는 반면, 라만차(La Mancha DO) 명칭 지역에서는 중급 와인을, 일부 특별한 떼루아와 양조력을 가진 최고급 단일 양조장에서는 고품질

| Jumilla, Altos de Luzón | Vino de la Tierra de Castilla, Paso a Paso | Triga, Volver | Alicante, Tarima Hill, Old Vine | Jumilla, Casa Castillo |

'비노 데 빠고(Vino de Pago)' 와인을 생산하는 양면성을 가진 곳이다.

남부 셰리 와인 산지

스페인 남부 안달루시아 지방은 세계적으로 유명한 강화 와인 셰리(Sherry)의 고향이다. 대서양 인근의 '헤레쓰'라는 도시를 중심으로 생산되어 헤레쓰(Jerez DO) 원산지 명칭을 가지나, 영국인들에 의해 일찍부터 상품화되어 '셰리'라는 상업적 명칭으로 세계적으로 통용되고 있는 실정이다. 이베리아 반도의 최남단으로 뜨겁고 건조한 기후와 백악질의 새하얀 알바리사(Albariza) 토양이 셰리 생산에 더없는 조건을 만들어 준다. 팔로미노 포도를 주품종으로 하여 만든 베이스 화이트 와인에 증류주를 넣어 장래 스타일에 따라 15~20%vol로 강화시킨 후 오크 통에 5/6 정도만 와인을 채운다. 시간이 지나면 이 지역에 자생하는 특수 효모균이 수면에 보호막(Flor)을 형성하며 와인을 산화로부터 보호, 절제된 미세 산화 공정을 이어간다. 숙성 초기에 섬세하고 드라이한 피노(Fino) 스타일 셰리가 생산되며, 숙성 기간이 길어져 효모막이 부실해지면 산화가 더 진행되어 아몬티야도(Amontillado) 스타일 셰리가 만들어진다. 일부 와인

셰리 생산 과정

은 18%vol 정도로 강화하여 효모 보호막 없이 산화가 진행되어 보다 향기롭고 진한 올로소쏘(Olorosso) 스타일 셰리가 만들어진다. 또한 포도 수확 후 햇볕에 말린 포도를 사용하여 고농축 스위트 셰리를 만들어 디저트용으로 사용하기도 한다. 따라서 셰리는 세상에서 가장 드라이한 것부터 가장 스위트한 것까지 모두 갖추고 있다. 호두 풍미에 드라이하고 깔끔한 피노 셰리는 아페리티프로, 향긋한 바일라 부께가 감도는 아몬티야도나 올로로쏘는 명상용으로, 감미로운 캐러멜 풍미의 스위트 셰리(P.X)는 디저트용으로 사용된다.

변방의 개척자, 포르투갈 와인

포르투갈은 세계 10위권의 와인 생산국이지만, 긴 역사적 전통과 잠재력에 비해 드라이 와인의 품질이 뒷받침되지 않았다. 이는 다분히 포트 와인과 마데이라 와인으로 대표되는 스위트 와인의 명성과 판매가 워낙 강하여 일반 테이블 와인 생산에 신경을 쓰지 못한 이유가 크겠다. 그러나 20세기 후반부터 시작된 드라이 와인 혁명 결과 와인 전문가와 애호가들을 놀라게 하는 품질의 드라이 와인이 생산되고 있다. 현재 포르투갈에서는 유럽의 모범을 따라 DOC(Denominação de Origem Controlada, DOP) 체계를 갖추고, 약 30여 개의 원산지 명칭으로 분류하고 관리한다.

포트(Port) 와인 산지

'포르투갈' 하면 떠오르는 와인 이미지는 역시 달콤한 강화 레드 와인인 포트 와인이다. 17세기 후반 우연히 발견된 이래 영국에 의해 세계에 알려졌기 때문에 '뽀르뚜(Porto DOC)'라는 자체 이름보다는 '포트'라는 영국식 호칭이 익숙하게 통용되고 있다. 에스파냐 계승 전쟁(1701~1714)으로 다시 한번 프랑스와 등을 진 영국은 포르투갈과 통상 조약을 체결하고, 다량의 포트 와인 무역을 독점했던 것이다.

그럼 포트는 어떻게 만들어질까? 포트는 포르투갈 북부의 도우루(Douro) 강 상류 계곡의 화강암질 경사지 포도밭에서 재배된 포도로 생산된다. 주품종은 또우리가 나시오날(Touriga Nacional), 또우리가 프란카(Touriga Franca), 띤따 호리쓰(Tinta Roriz), 띤따 바로카(Tinta Barroca) 그리고 띤따 까웅(Tinta Cão)이다. 포도 주스가 발효되는 초기에 고알코올의 브랜디를 첨가해서 발효를 정지시키면 효모는 죽고 상당한 양의 잔당이 남게 되어 와인은 당도가 매우 높고, 자연스럽게 알코올 도수는 19~20%vol 정도로 상승한다. 그곳 킨타(Quinta, 양조장)에서 겨울을 나고, 이듬해 봄이면 쪽배(Rabelos)를 타고 도우루 강을 내려와 해안가에 있는 빌라 노바 데 가이야시에 몰려 있는 네고시앙 메종(포트 하우스)들에게 원액을 넘긴다. 이후 포트 원액은 대형 포트 하우스의 숙성 창고(Lodge)에서 바닷가의 습한 기운이 주는 혜택과 효과를 보며 장기간

Port 'Tawny'   Port 'Ruby'   Vintage Port   White Port   Madeira

숙성 과정에 들어간다.

어느 정도 숙성이 되면 셀러 마스터는 숙성된 포트의 원산지, 품질, 숙성 정도 등을 파악해 최종 블렌딩과 상품 등급을 결정한다. 포트는 대부분의 숙성 기간을 어디에서 보내는가에 따라 오크 통 숙성 포트와 병 숙성 포트로 크게 구분된다. 또한 숙성 기간에 따라 포트의 등급과 스타일이 나뉘어진다.

시판되는 포트 중 가장 기본 품질은 '루비(Ruby)' 포트다. 보통 2~3년간 스테인리스 탱크나 드물게 커다란 오크조에서 숙성하여 맑은 루비색의 기본 품질 포트로, 신선하고 가벼운 스타일이다. 한 등급 위는 '리저브(Reserve)' 포트로, 기본 3년 이상 오크조에서 숙성시킨다. 품질이 뛰어난 원액은 작은 오크 통에서 숙성하는데, 이 경우 커다란 오크 탱크보다 산화가 촉진되어 더욱 빨리 색상이 변해서 갈색이나 브라운 컬러를 띤다. 3년 이상 숙성하면 '파인 토니(Fine Tawny)'라고 부르며, 가장 상급인 'Aged Tawny'는 10년 단위로 구분된다. 보통 10년, 20년, 30년, 40년 숙성 토니가 가장 많이 시판된다. 감미로운 너트 향, 버터 스카치 향, 섬세한 오크 풍미, 특유의 산화미, 조화미와 원숙미를 가진다.

대부분의 포트는 여러 해의 원액을 블렌딩하여 병입하기 때문에 연도 표시를 하지 않는데, 특별히 뛰어난 빈티지해에는 그 해만의 원액만으로 포토를 최종 병입하여 '빈티지 포트(Vintage Port)'라고 부른다. 레이블에 수확 연도가 적혀 있으며, 매우 진하고 강렬한 농축미를 가지고 있어 수십 년 장기 숙성과 진화가 가능한 포트다. 포트 와인은 보통 와인보다 더 농축되어 맛이 진하다. 브랜디가 섞인 탓에 알코올 도수도 높은 편이다. 식후에 디저트 음식들과, 아니면 견과류와 함께 명상용으로 음미하면 좋다.

마데이라(Madeira) 와인 산지

마데이라는 포르투갈 본토에서 남서쪽으로 약 800km 떨어진 아프리카 서해안 먼바다에 있는 작은 화산섬으로, 15세기 초 대항해 시대 때 인도로 가는 길을 개척하던 중 발견되었다. 섬 전체가 산악 지형으로 산세가 험하고 계곡이 깊다. 농지가 거의 없어 가파른 경사지의 계단식 밭에 포도를 재배한다.

다섯 가지 품종이 마데이라 생산에 사용된다. 네 가지 고급 품종은 청포도로서 쓰르씨알(Sercial)·브르델류(Verdelho)·부알(Bual)·말바지아(Malvasia)이며, 한 가지의 중급 품종은 적포도로서 띤따 네그라 몰레(Tinta Negra Mole)다. 마데이라는 알코올 강화 후에 50℃ 정도의 온도에서 가열시키는 매우 독특한 열화 과정을 거치는데, 여기에서 마데이라 특유의 안정성을 갖게 되어 장기 보관이 가능하게 된다.

최종 마데이라는 네 가지 고급 품종별로 네 가지 다른 스타일로 양조된다. 쓰르씨알 품종은 드라이하며 섬세한 스타일로, 브르델류는 미디엄 드라이 스타일로, 부알은 미디엄 스위트 스타일로, 그리고 마지막 말바지아는 가장 달콤한 스위트 스타일로 만들어진다. 따라서 레이블에 적힌 품종 이름은 단지 사용된 품종명을 알려주는 데 그치지 않고 마데이라 와인의 특정 스타일을 알려주는 단서가 된다.

전통적으로 마데이라 와인은 고유한 자체 병 모양을 갖고 있으며, 오랜 보존 기간 동안의 레이블 손상을 막기 위하여 병 위에다 바로 하얀색 페인트를 사용한 실크 스크린 기법으로 전사해 왔다. 모든 스타일의 마데이라는 완벽한 명상의 와인이다.

드라이 테이블 와인 산지

한국에는 아직 많이 알려져 있지 않지만, 드라이
레드 와인과 화이트 와인도 우수한 와인들이 많다.
특히 포트 와인 생산지인 도우루 계곡에서 재배된
포도로 발효를 끝까지 완료하여 드라이 테이블 와
인을 생산하는 것이다. 이때 원산지 명칭은 '도우루
(Douro DOC)'가 된다. 잉크같이 진한 색상에 충분
한 산도, 풍성한 과일 향, 화려한 부께, 두툼한 타닌,
농축된 보디감을 갖춘 멋진 레드 와인이다.

Dry Red
Ravasqueira

Dry Red
Chryseia

인접한 다웅(Dão DOC) 산지에서도 꽤 견고한 와인이 만들어지며, 남부의
알렌테쥬(Alentejo DOC) 지역에서는 알리칸테 부셰(Alicante Bouschet) 품종과
시라 등 국제 품종을 중심으로 가성비 좋은 견고한 드라이 와인들이 다량 생
산된다. 그러나 일반적으로 포르투갈인들이 매일 마시는 일상의 와인은 '비
뉴 베르데(Vinho Verde DOC)'라고 부르는 가벼운 와인으로서, 포르투갈 최북
단 미뉴(Minho) 지방에서 생산되고 있다.

자연의 한계를 극복한 독일 와인

독일은 보르도 와인 산지보다 작은 포도밭 규모에 포도 재배의 북방 한계
선이라는 기후 열세를 극복하고 화이트 와인을 중심으로 한 특별한 스타일의
와인을 생산해 왔다. 독일 와인의 일반적 특성은 알코올 함량이 낮으며, 미감
이 부드러워 음용 부담이 적다. 그러면서 싱그런 과일 향이 풍부하고 산도가
높아 새콤달콤한 스타일이 전형적이다. 품종 와인 콘셉트로서 사용된 포도

품종명이 곧 와인 명이 된다.

대표적 와인 산지인 모젤과 라인가우 지방 와인병은 길고 날씬한 플룻트 스타일 병이며, 녹색과 갈색 병을 각각 특징적으로 사용한다. 독일 13개 와인 산지의 대부분은 조금이라도 따뜻한 남서부 지역에 집중되어 있다. 그리고 북위 50°인근에 위치한 기후 열세를 만회하기 위해 큰 강을 낀 유역의 가파른 경사지에 포도밭을 조성해 마지막 한 자락의 햇볕까지도 놓치지 않으려 한다. 어떤 곳은 경사가 45%를 넘어서 내려올 때는 아찔하기까지 하다. 이처럼 포도가 완숙에 이르기 쉽지 않기 때문에 와인의 등급 또한 포도의 완숙도에 따라 평가하는 독일 특유의 기준이 생겼다. 그러나 기본은 역시 4단계다.

품질 등급

가장 낮은 등급은 타펠바인(Tafelwein)으로 유럽 연합 소속 국가 내에서 재배된 포도를 가지고 자유롭게 만든 와인이다. 100% 독일 내에서 생산된 포도로 만들었을 경우에는 '도이처 타펠바인(Deutscher Tafelwein)'이라고 쓸 수 있다. 그중 19개 특정 생산 지역에서 만든 도이처 타펠바인은 위 등급인 '란트바인(Landwein)'이라 부른다. 다음이 크발리테츠바인(Qualitätswein, 옛 QbA) 등급으로, 13개 생산 지방에서 만들어진 고급 와인이다. 대개 알코올 도수를 높이기 위해 가당을 하며, 포도 농축액(Süssreserve)을 넣어 부드럽게 만들기도 한다. 최고 등급은 프레디캇츠바인(Prädikatswein, 옛 QmP)이다. 특별한 수식어(Prädikat)가 붙은 고급 와인들로, 포도의 당분 함량에 따라 내부 스타일 명칭이 정해지기 때문에 가당을 할 수 없다.

프레디캇(Prädikat) QmP의 여섯 가지 스타일 명칭

카비넷(Kabinett) 스타일　완숙에 이른 잘 익은 포도를 사용하여 약간 드라이하게 양조한다. 가벼운 당도(Off-Dry)를 가진 순수한 와인 스타일이다. 당도가 높지 않고 가벼운 와인을 선호하는 사람들에게 더없이 좋다.

슈페트레제(Spätlese) 스타일 늦수확한 더 무르익은 포도로 만든다. 과숙되지 않았기에 생동감은 살아 있으며, 무엇보다 산도에 의한 균형이 뛰어나다. 미디엄 드라이 정도의 당도로서 포도 향이 살아 있으며, 지나치게 달지 않아 좋다.

아우스레제(Auslese) 스타일 매우 잘 익은 포도송이 안에서도 품질 좋은 포도알만을 '선별'하는데, 일부 귀부 포도알이 들어갈 수 있어 복합미가 증가한다. 높은 산미에 매우 풍요롭고 화려한 당미의 이 와인은 좋은 해에만 만든다.

베렌아우스레제(Beerenauslese) 스타일 한 알 한 알 선별한 농익은 포도알과 귀부 포도알의 함량이 많아 보다 농축되었으며, 우아하며 복합미 뛰어난 스위트 와인이다.

독일 슐로스 요하니스베르크 포도원 현재 라인가우 지방 와인의 명성을 가져온 유수한 와이너리 가운데 하나다.

Auslese
Guntrum

Kabinett
Vollrads

트로켄베렌아우스레제(Trockenbeerenauslese) 스타일 완벽하게 귀부화(Edelfäule)된 포도송이에서 거의 건포도처럼 된 포도알을 하나하나 따서 모아 양조한다. 생산량이 QmP 중에서 가장 적고, 시럽이나 리꿰르와 같은 농밀한 조직을 가지며, 풍요롭고 복합적인 맛의 깊이가 빼어나다. TBA는 너무나 진하기 때문에 마시기보다는 혀에 적셔 음미할 것을 권한다.

아이스바인(Eiswein) 스타일 일반적으로 베렌아우스레제만큼 잘 익은 포도로 만든다. 영하 10℃ 정도의 추위에 포도가 동결된 상태에서 수확해야 하며, 수확 직후 포도가 녹기 전에 압착하여 양조를 시작한다. BA 수준의 높은 당도와 높은 산도, 특히 아이스바인 특유의 청량감이 있기 때문에 매우 감미롭고 싱그럽다. TBA나 아이스바인은 생산량이 아주 적기 때문에 대개 375㎖들이 반병으로 출시된다.

포도 품종과 독일 와인 산지

리슬링은 독일의 대표 품종으로, 최고로 섬세하며 기품 있는 와인을 생산한다. 리슬링 와인의 가장 정갈하고 숭고한 모습을 볼 수 있는 곳은 모젤(Mosel)과 라인가우(Rheingau) 지방이다.

먼저, 모젤 지방은 독일의 대표 화이트 와인 산지로, 세계에서 가장 빼어

───── 독일 와인의 레이블 이해하기

· 대생산지역, 소생산지역이 표시된다.
· 마을 이름 뒤에는 접미사 '-er'이 붙는다.
· 포도 품종 이름과 생산 연도는 최소 85% 이상 사용되었으면 붙일 수 있다.
· QmP급일 경우 스타일 명칭(Prädikat)을 명시한다.
· VDP(Verband Deutscher Pradikasweinguter) & 로고 200여 개의 독일 베스트 와이너리 연합회로서 독수리 로고가 병목 캡슐 부위에 있다.

난 와인 산지 중 하나다. 구비구비 흐르는 사행천 모젤과 그 지류인 자르·루버강 유역 주변에 포도밭이 분포한다. 포도가 익기에 온기와 일조량이 부족한 북위 50°에서는 큰 강의 정온 효과가 필수적이고, 그 유역 경사지에 포도를 심음으로써 수면의 햇빛 반사 효과까지도 볼 수 있다. 더불어 모젤 포도밭에 특징적인 슬레이트 토양은 기왓장처럼 지표면을 덮어 우천 시 토양의 유실을 막아주고, 햇볕의 열을 보관하며, 와인에 특유의 미네랄 특성을 준다. 모젤 리슬링은 연한 황녹색에 풍부하고 화사한 과일 향과 꽃향기, 고유한 미네랄 석유 내음, 높은 산도와 달콤한 미감의 완벽한 균형감을 갖춘 상큼한 화이트다.

라인가우 지방은 오랜 전통과 역사를 가진 독일의 대표 고급 와인 산지로, 모젤과 함께 세계에서 가장 뛰어난 와인 산지 중 하나다. 중세 이래 라인가우 지역의 교회와 귀족 생산자들은 리슬링을 재배해왔으며, 18세기에는 여러 성숙 단계의 포도를 수확하고 등급을 매겨 오늘날 독일 와인의 체계를 완성시켰다. 모젤보다 기후가 온화하며, 점토·황토 등에 기인한 토질이 다양하여 라인가우 리슬링은 향이 더 깊고 짙으며 묵직한 비중감을 가진 미디엄 보디 와인이다. 남쪽의 라인헤쎈(Rheinhessen) 지방에서는 종교적 스토리를 담은 대중 와인 립프라우밀히(Liebfraumilch)가 유명하며, 프랑켄(Franken) 지방에서는 '복스보이텔(Bocksbeutel)'이라는 이름의 특별한 병에 담아 판매되는 것으로 주목받는다.

재배 2위 품종 뮐러 투르가우(Muller-Thurgau)는 가벼운 스타일의 화이트 와인을 생산하며, 게부르츠트라미너(Gewurztraminer)의 진한 열대과일 향과 화려한 꽃향기는 인상적이다. 한편, 기후 온난화의 혜택을 담뿍 입고 있는 독일의 적포도들은 점점 품질 좋은 레드 와인을 생산하고 있다. 부르고뉴 피노의 영광을 재현하고 있는 슈패트부루군더(Spatburgunder=Pinot Noir), 부드럽고 경쾌한 포르투기저(Portugieser), 과일 향이 풍부하고 향긋한 트롤링거(Trollinger) 등을 꼽을 수 있다.

음악의 선율이 흐르는 오스트리아 와인

감각적 즐거움과 위대한 문화의 만남, 바로 오스트리아 와인 한잔에 담겨 있는 감흥이다. 기원전 6세기 켈트족에서부터 시작된 오랜 와인 역사와 함께 중세 이후 합스부르크 왕가의 본향으로서 음악과 미술 등 예술적 영감을 제공했던 그 땅, 그 사람들이 와인을 통해 전해 주는 다양한 개성의 향연을 느껴 보자.

프랑스 루아르 산지와 같은 위도대의 오스트리아는 국토의 왼편 2/3가 알프스 산악 지대이기 때문에 포도밭은 그 나머지 오른편 1/3 지역에 조성되어 있다. 약 4만 5천 ha의 포도밭에는 청포도 65%, 적포도 35% 비율로 재배하며, 총 6천 곳에서 병입을 담당한다. 주요 품종으로는 화이트 와인을 생산하는 그뤼너 펠틀리너(Gruner Veltliner)와 웰슈리슬링(Welschriesling), 레드 와인을 생산하는 쯔바이겔트(Zweigelt)와 블라우프랑키쉬(Blaufränkisch)가 있다. 이 중 그뤼너 펠틀리너는 재배 면적의 1/3을 차지하는 오스트리아의 대표 품종으로, 생기 있는 산도와 신선한 과일 향에 연기 내음·후추 등의 개성 있는 풍미가 특징이다. 가볍고 신선하며, 미네랄이 풍부한 스타일에서 숙성을 통해 향신료 풍미가 짙어지며 힘있고 묵직해진다. 최근에는 오크 숙성을 거쳐 복합

| Jurtschitsch | Gobelsburg | Emmerich Knoll | Hillinger | Gut Oggau, Natural |

미 있는 스타일도 출시되고 있다.

아름답고 푸른 도나우강 유역의 화이트 와인은 마치 독일의 모젤 와인과 유사한 지형과 떼루아 효과를 가진다. 구비치는 강 유역에는 바카우(Wachau)·크렘스탈(Kremstal)·캄탈(Kamptal) 등의 화이트 와인 명산지가 있으며, 반면 서부 노이지들러제(Neusiedlersee) 호수 주변의 중남부 부르겐란트(Burgenland) 지역에서는 레드 와인이 주로 생산되고 있다. 기후가 서늘한 오스트리아에서는 화이트 와인의 품질이 돋보이나 기후 온난화와 함께 레드 와인의 품질도 개선되고 있다. 아울러 세계적 유행인 오렌지 엠버 와인과 내추럴 와인도 상당수 생산되고 있다.

토까이의 유산, 헝가리 와인

헝가리는 오스트리아 오른편에 위치한 내륙 국가로, 주변 8개국에 둘러싸여 있는 방주(배) 모양을 하고 있다. 유럽의 젖줄 다뉴브강이 수도 부다페스트를 지나며, 국토를 남북으로 양분한다. 북부와 서부는 산지가 많고 남동부는 지평선이 보이는 광대한 헝가리 평야 지대를 형성한다. 대륙성 기후지만 전반적으로 기후가 온화하고 연 600ml의 적은 강수량에, 국토의 25%가 구릉지대로서 포도 재배에는 매우 우호적인 자연 조건을 가지고 있다.

헝가리의 포도밭 면적은 약 6만 ha로서 유럽 8위이며, 와인 생산량은 연평균 2천700만 hl로서 오스트리

헝가리 국장

아, 그리스보다 많이 생산한다는 사실이 놀랍다. 와인용으로 재배되는 포도 품종만 약 180여 종이 식재돼 있으며, 귀한 토착 품종들도 많다. 헝가리에는 22개의 세부 와인 생산 지역이 있는데, 이 중에는 세계적 명성의 토까이

토까이 지하 와인셀러

(Tokaj) 귀부 와인 산지와 '황소의 피' 에게르(Eger) 와인 산지, 빌라니(Villány), 소프론(Sopron) 등이 손꼽힌다.

왕들의 와인이며 와인의 왕, 토까이 귀부 스위트

세계 최초의 귀부 스위트 와인 토까이는 단연 헝가리를 대표하는 독보적 와인이다. 토까이 와인의 세계로 들어서기 전에 먼저 발음은 같지만 철자가 다른 두 용어에 대한 정리가 필요하다. 먼저 'Tokaj'는 지역 이름이며, 뒤쪽에 형용사형 어미 'I'가 붙은 'Tokaji'는 그 지역에서 생산되는 와인을 뜻한다.

1650년경 토까이 지역의 수도원 원장은 오스만튀르크의 침략을 걱정하며 포도의 수확을 늦추도록 했는데, 늦수확이 포도송이에 귀부 현상을 가져와 이로 인해 높은 당도와 독특한 향과 맛을 내는 토까이 와인이 만들어졌다는 탄생 스토리가 있다. 과거 토까이는 황제와 왕, 귀족들만 마실 수 있는 매우 귀한 와인으로 헝가리의 자랑거리였다. 일찍이 토까이 와인을 맛본 프랑스 루이 14세는 '왕들의 와인이며, 와인의 왕'이라는 최고의 헌사를 바쳤으며, 러시아 황제들은 이 진귀한 엑기스를 헝가리로부터 황궁의 셀러까지 안전하게 운송하기 위하여 특별 코자크 기병대까지 두었다고 전해진다.

푸르민트 포도

화산토 경사지에 심어진 푸르민트와 하쉬레벨루 포도에 보드로그(Boderog) 강변에 형성된 짙은 안개로 인해 귀부 곰팡이균이 퍼지면 당도와 산도가 농축되고 복합미가 깃든 귀부 포도가 만들어진다. 수확된 귀부 포도는 별도의 통에서 압착하여 귀부 원액 아쑤(Aszú)를 만들고, 이를 일반 신선한 포도즙에 섞어 농도와 잔당을 조절하는 방법으로 'Tokaji' 와인 제품을 만들어 왔다. 최소 10년 이상은 숙성되어야 진가를 발휘하는 토까이 와인은 호박 보석 색상에 감미로운 꿀과 농밀한 달콤함이 유혹하는 천상의 음료다.

새로운 경향, 드라이 & 내추럴

토까이 스위트 와인이 지난 400여 년의 헝가리 와인의 명성을 이끌었다면, 21세기 헝가리 와인의 미래는 드라이 와인에 달려 있다. 설탕이 귀했던 시절

토까이 포도의 귀부화 진행 과정

| Tokaji Aszu, | Dry Furmint, | Kecze&Hady, | Pet-Nat, Hummel, | Egri Bikaver, |
| Bodrog Bormuhely | Csak Tallya | Zsofia | Karasica | Bolyki |

에야 달콤한 스타일이 최고였을지 모르지만 21세기는 다르다.

먼저 레드 와인으로 가장 명성을 얻고 있는 와인은 '에그리 비카베르(Egri Bikaver)'다. 북동부 쪽으로 150km 지점에 있는 '에게르(Eger)'라는 지역에서 생산되는 와인으로, '황소의 피(Bull's Blood)'라는 애칭으로 세계에 알려져 있다. 이 이름은 오스만튀르크 제국과의 항쟁사와 깊은 연관이 있다. 1552년 헝가리 수비군은 전투력을 얻기 위해 현지 레드 와인을 많이 마셨고, 침입자들은 멀리서 이를 보고 '황소의 피'를 마신다고 믿었다. 붉은 피까지 마시며 날뛰는 헝가리 용사들을 보고는 튀르크 병사들이 기겁을 하고 도망갔다는 재미있는 전설이 있는 와인이다.

한편, 화이트 와인 계열에서도 현재 헝가리의 신진 와인 메이커들은 흥미로운 드라이 와인과 괜찮은 스파클링 와인을 선보이고 있다. 특히 짜릿한 드라이 화이트 와인, '드라이 푸르민트(Dry Furmint)'에 주목하자. 상쾌한 라임과 민트·구즈베리·자몽·청사과·사프란·카모마일 등 상쾌한 향이 주류를 이루며, 강한 미네랄 풍미에 높은 산미가 균형감과 생동감을 준다. 알자스 리슬링이나 상세르 소비뇽 블랑과 결을 같이하는 스타일이다.

신화가 살아 숨쉬는 그리스 와인

"모든 유럽인은 그리스인이다."라는 바이런의 고백처럼 유럽 문명은 그리스에 많은 빚을 졌다. 그리스는 서양 문명의 요람으로 그리스에서 시작된 철학, 예술, 수학, 과학 그리고 예술은 르네상스를 거쳐 유럽 문명의 근간이 되었다. 오늘날 유럽이 세계사에 끼친 영향을 볼 때 이러한 그리스 문명은 로마 제국, 유럽을 거쳐 나아가 현재 세계 문명의 밑바탕으로도 평가될 수 있겠다. 그 문명의 기초에 분명히 와인이 있었을 텐데, 그리스의 와인 산업은 그 다양성과 품질에 비해 잘 알려져 있지 못한 것이 현실이다. 아마도 적은 생산량으로 인한 가격 경쟁력, 무엇보다 난해한 글자 때문에 읽고 외우기 힘들어서 포기하는 경우도 적지 않을 듯하다.

그리스 포도밭 면적은 약 11만 3천 ha로 이 중 절반이 양조용 포도다. 2/3가 청포도이며, 90%가 토착 품종이다. 대표 청포도 품종 아씨르티코(Assyrtiko)는 장기 숙성력을 가진 고품질 화이트 와인을 생산한다. 부드러운 라임과 향긋한 꽃향기, 알싸한 향신료 노트, 리슬링을 연상시키는 강한 미네랄 특성을 가졌다. 에게해의 아름다운 섬 산토리니(Santorini PDO)가 주산지다.

| Alpha Estate | Nemea | Porto Carras | Retsina | Malagousia |

적포도로는 북부 그리스 최고 품종인 씨노마브로(Xinomavro)가 있다. 마케도니아 지방의 주품종으로서 나우싸(Naoussa PDO), 아민테오(Amynteo PDO) 등의 레드 와인을 생산한다. 밝은 루비 색상에 가볍고 신선한 레드 베리·커런트·구즈베리·올리브·말린 토마토·향신료·올리브 등의 지중해 풍미가 느껴지며, 높은 산도와 풍부한 타닌을 가졌다. 반면, 남부를 대표하는 적포도 품종은 아기오르기티코(Agiorgitiko)로, 펠로폰네소스 반도의 '헤라클레스 와인' 네메아(Nemea PDO)를 생산한다. 진한 색상에 풍부하고 복합적인 향과 적절한 산미, 부드러운 타닌을 가졌으며, 이를 활용하여 다양한 스타일의 레드 와인을 생산하고 있다. 한편, 고대로부터 내려오는 전통 레시피에 따라 소나무 송진을 약간 첨가하여 풍미를 낸 렛지나(Retsina) 와인을 한번 맛보는 것도 그리스 여행의 특별한 추억일 것이다.

뉴월드 와인의 대부, 미국 와인

햄버거를 먹을 때도 와인을 마실 수 있는 나라, 대형 플랜트를 연상케 하는 빌딩 크기의 초대형 양조통들이 솟아 있는가 하면, 보라색 황금을 캐는 나파 밸리와 같은 비옥한 포도밭이 있는 나라, 이곳이 바로 미국이다. 300여 년의 짧은 역사를 가지고 있지만 현재 세계 3~4위의 와인 생산국이며, 세계 1~2위의 와인 소비국이다. 국토의 전역에서 포도가 재배되며, 1만여 개 이상의 양조장이 있다. 45만 ha에 달하는 광대한 포도밭은 260여 개의 '포도 재배 구역(American Viticultural Area, AVA)'으로 구분되어 있다. 미국 와인의 80% 이상이 캘리포니아에서 생산되는데, 최근에는 워싱턴주·오리건주에서도 고품질 와인들이 많이 등장하고 있으며, 뉴욕주에서도 생산량이 늘고 있다.

18세기 중반 선교사들에 의해 포도 재배가 전파되었고 19세기 후반까지 최대로 번창하였지만, 연이은 필록세라 사태와 1920년대의 금주령 악재,

샌프란시스코 금문교와 차가운 안개 　이 지역의 안개는 나파, 소노마 밸리 지역에 선선한 기후를 유지하게 하는 중요한 역할을 한다.

1930년대의 경제 공황 등 여러 가지 악재를 털어내고 미국의 와인 산업이 재도약하게 된 계기는 로버트 몬다비(Robert Mondavi)를 비롯한 선각자들의 공헌이 컸다. 이전까지 '버건디', '샤블리' 등의 이름을 달고 저가 와인을 대량 생산했던 시스템에서 벗어나 소위 '뉴월드' 스타일이라고 하는 새로운 이미지를 구축하는 데 성공했기 때문이다. 즉, 좋은 포도를 얻는 데 최선을 다하며, 높은 기술 수준으로 양조하고, 양조장 이름을 붙여서 판매하며, 사용된 포도 품종명을 명기해 투명성을 확보하고 소비자들의 구매 선택을 도왔던 것이다. 이러한 미국 와인의 선택은 대성공을 거두었고, 품질 또한 향상되어 고급 와인 생산 국가로서의 부동의 위치를 차지하게 되었다.

포도 품종과 미국 와인의 스타일 　미국 와인의 특징은 포도 품종을 중심으로 하는 품종 와인이다. 75% 이상만 사용하면 해당 품종의 이름을 붙일 수

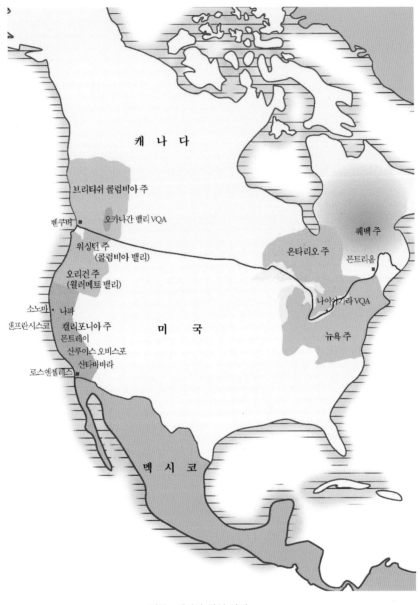

캐 나 다

브리티쉬 콜럼비아 주

밴쿠버 ■   오카나간 밸리 VQA

워싱턴 주
(콜럼비아 밸리)

오리건 주
(윌러메트 밸리)

소노마 • 나파
샌프란시스코 ■   캘리포니아 주   미 국
            몬트레이
        산루이스 오비스포
            산타바바라
로스엔젤리스 ■

쿼벡 주

온타리오 주   몬트리올

나이아가라 VQA

뉴욕 주

멕 시 코

미국, 캐나다 와인 산지

있다. 그러나 최근엔 유럽처럼 다채롭게 블렌딩한 와인의 생산도 늘어가고 있다. 고품질 와인의 대명사이기도 한 이런 블렌딩 와인은 특별히 '메리티지 와인(Meritage wine)'이라고도 부르는데, 이는 품종명이 없는 값싼 일반 블렌딩 와인과 구별하기 위해서다. 주요 품종 와인의 스타일을 정리해 보면 다음과 같다.

포도 품종과 미국 와인의 스타일

까베르네 소비뇽 (Cabernet Sauvignon)	힘차고 강한 농축미의 타닌감 견고한 레드 와인
메를로(Merlot)	풍성하고 진한 과일 향, 부드러운 타닌의 레드 와인
시라(Syrah)	진한 색상과 풍성한 향신료, 다채로운 맛, 매끄러운 질감의 레드 와인
진판델(Zinfandel)	다양한 스타일과 개성이 돋보이는 캘리포니아의 아이콘 품종 레드 와인
피노 누아(Pinot Noir)	싱그런 베리향, 장미향, 매끄러운 타닌, 다소 감미로운 미감의 레드 와인
샤르도네(Chardonnay)	버터, 멜론, 과일 향이 풍부한 우아하고 농축미 있는 화이트 와인
소비뇽 블랑 (Sauvignon Blanc)	파인애플, 라임, 풋풋한 풍미에 경쾌하고 신선한 화이트 와인

캘리포니아 와인 산지

25만 ha의 포도 재배 면적을 가진 캘리포니아는 품질이나 생산량에서 세계 시장을 만족시킬 수 있는 몇 안 되는 와인 생산 지역 중 하나다. 미국 내 총 와인 생산의 80% 이상을 담당하여 실질적으로 미국 와인의 이미지를 대변하고 있다. 북위 34~42°에 위치한 캘리포니아는 지중해성 기후 특성으로 풍부한 일조량과 건조한 기후를 가지며, 연 200일 이상의 일조일수가 포도의 성장 시기에 집중되어 캘리포니아의 날씨는 포도를 완벽하게 익게 해 준다. 또한 차가운 태평양의 영향으로 서늘한 밤기운이 포도의 산도를 보존해 주어 당도와 산도가 균형을 이룬 포도를 얻을 수 있다.

북부 해안 지역 세계적으로 명성이 높은 나파(Napa), 소노마(Sonoma) 카운티는 샌프란치스코 도시 북쪽에 위치해 있다. 해안가에 인접한 소노마 카운티 지역은 차가운 태평양의 영향을 직접적으로 받아 피노 누아와 샤르도네, 스파클링 와인 등을 생산해 세계적 명성을 얻고 있다. 소노마 코스트(Sonoma Coast AVA), 러시안 리버 밸리(Russian River Valley AVA) 등이 유명한 생산 구역이다. 바로 오른편에 인접한 나파 밸리는 마야카마스산맥과 바카산맥 사이의 좁고 긴 밸리 유역으로, 남쪽에 위치한 산 파블로만에서 불어오는 차가운 태평양의 혜택으로 균형 잡힌 포도를 생산하는 호조건을 가진다. 산허리와 산기슭, 중앙 평지 등 다양한 포도밭 위치와 화산토, 점토 등 다양한 토질 그리고 세계 최고 수준의 와인 생산 기술이 만나 명품 와인이 생산되는 곳이다. 러더포드(Rutherford AVA) 등 16개의 AVA가 있는데, 하나같이 빼어나다.

Pahlmeyer   Faust   Quintessa   Chalk Hill   Wayfarer PN

센트럴 코스트 지역과 센트럴 밸리 샌프란시스코만 오른편 리버모어 밸리(Livermore Valley AVA)는 유럽 비니페라 품종 재배를 시작한 온상 같은 곳이며, 해안선을 따라 남쪽으로 내려가며 몬트레이(Monterey), 파소 로블스(Paso Robles), 산 루이스 오비스포(San Luis Obispo), 산타 바바라(Santa Barbara) 카운티에서 샤르도네, 시라, 진판델, 피노 누아 등 각 지역 떼루아에

| Chalone, Chardonnay | Hahn, Pinot Noir | Vanvas, CS | Phantom |

최적화된 고급 와인을 생산하고 있다. 해안 산맥과 시네라 네바다산맥 사이의 광활한 센트럴 밸리 지역에서는 저가의 대중적 품질 와인들이 대량 생산되고 있다.

워싱턴 & 오리건 와인 산지

캘리포니아 북쪽 오리건(Oregon)주는 차가운 북태평양 한류의 영향을 강하게 받는 서늘한 지역이며, 이 지역의 기후와 잘 적응하는 피노 누아 품종의 뛰어난 표현을 볼 수 있다. 부르고뉴의 그랑크뤼 피노 누아 와인과 겨룰 정도로 품질이 뛰어난 와인들도 생산된다. 포틀랜드시 주변의 윌라메트 밸리(Willamwtte Valley)가 주산지이다.

북서부 끝 캐나다와 국경을 접하는 위싱턴(Washington State)주는 2만 5천 ha에 달하는 포도밭과 1천여 개의 양조장, 20여 개의 AVA를 가진 미국 내 2위의 와인 산지다. 시애틀시 동쪽에 있는 장대한 캐스케이드산맥(Cascade Mountain)을 넘어 동편에 펼쳐지는 광활한 구릉지대에서 콜럼비아강의 물을 끌어들여 관개농법으로

| Broadley PN | Intrinsic |

포도를 재배한다. 고온 건조한 기후와 큰 일교차 덕분에 품질 좋은 포도가 생산되어 레드, 화이트 모두에서 품종의 특징을 살린 강한 풍미와 풍요로운 질감의 우수한 와인을 생산한다. '리틀 캘리포니아'라는 애칭이 적절하다.

한편, 양 거대 와인 산지에 낀 오리건(Oregon State)주에서는 프랑스 부르고뉴를 연상시키는 서늘한 기후 조건을 파악하고 피노 누아 품종에 일찍부터 집중 투자하여 세계적 수준의 피노 와인을 생산하는 매우 특별한 지역이다. 멀리 대서양 쪽 동부에서는 내륙의 거대한 오대호 연안 지역을 중심으로 포도가 재배되고 있다. 주로 미국 토착종(Vitis Labursca)과 교배한 하이브리드 품종들을 중심으로 생산되며, 와인의 스타일도 캘리포니아와는 전혀 다르다.

미국 와인 레이블 정보

- 생산자 이름
- 브랜드 이름
- 원산지명 : 포도가 생산된 지역으로 주, 카운티, AVA, 포도밭 명이 표시된다.
- 원산지 명칭 제도 : 미국 포도 재배 구역(AVA)

  미국에도 원산지 표시 제도가 있지만 유럽 여러 나라의 경우와는 많이 다르다. 즉, 유럽의 경우에는 지역뿐만 아니라 포도 재배 방법과 양조 방법, 최대 수확량 등을 광범위하게 통제하는 개념인 데 반해, 미국의 제도는 단지 재배 지역만을 규정할 뿐이다. 레이블에 AVA 지역 명칭이 표시된다면 그 지역에서 생산된 포도를 최소한 85% 이상 사용되었다는 것을 의미한다. 단, 캘리포니아의 경우 주 명이 표시되었을 경우는 100% 캘리포니아에서 생산된 포도를 사용해야 한다.
- 포도 품종 : 포도 품종명이 표시되어 있으면 75% 이상 해당 품종을 사용해야 한다. 단, 오리건주에서는 90% 이상 사용해야 한다.
- 빈티지 : 생산 연도도 적혀져 있다면 최소 95%의 와인이 그해에 생산된 와인이어야 한다.

아이스 와인 대국, 캐나다 와인

북미 대륙의 광활한 북부를 차지하고 있는 캐나다는 추운 자연환경을 활용한 아이스 와인 생산 대국으로서 뛰어난 품질에 가격 경쟁력 있는 아이스 와인을 제공해 왔다. 그러나 디저트 와인의 세계적 감소 추세와 지구 온난화 현상을 전화위복의 기회로 삼아 드라이 테이블 와인 생산에도 박차를 가하고 있다.

서부의 오카나간 밸리와 동부의 온타리오 호수를 중심으로 생산되는 일반 드라이 와인은 이미 세계 평론가들의 주목을 받고 있다. 1만 2천500여 ha에 달하는 포도밭은 '지정 포도 재배 구역(Designated Viticultural Areas, DVA, 옛 VQA)'으로 관리되고 있으며, 600여 개의 양조장이 있다. 국내 와인 생산의 70% 정도를 담당하는 최대 산지인 온타리오(Ontario) 지방은 대륙성 기후이나 거대한 호수라는 열 저장고가 주변 지역의 기후를 부드럽게 유지하는 혜택을 입어 리슬링과 게부르츠트라미너, 피노 누아, 비달(Vidal) 등을 중심으로 부드럽고 깔끔한 와인 스타일을 가지고 있다. 이곳에서는 또한 캐나다 아이스 와인의 90%를 생산한다.

서부에서는 미국 위싱턴주에 가까운 브리티시 콜럼비아(British Columbia) 지역이 최근 급상승하고 있다. 그 중 오카나간 밸리(Okanagan Valley DVA) 지역은 길다란 호수를 가운데 두고 산악과 계곡이 둘러쌓여 있어 온기를 저장할 수 있는 혜택을 받고 있다. 이곳에서는 리슬링, 피노 누아 등 전통적 서늘한 기후 종뿐만 아니라 까베르네와 메를로, 시라까지도 생산되고 있다.

캐나다 아이스 포도

안데스의 왕자, 칠레 와인

16세기 스페인의 식민 지배가 시작되면서 남미 각국의 포도밭이 개척되기 시작했다. 칠레에서는 1850년대 프랑스 품종들이 대거 반입되고, 프랑스의 선진 양조 기술도 함께 들어와 칠레 와인 산업은 비약적으로 발전되기 시작했다. 18세기 말에는 유럽이 필록세라 피해를 입는 동안에도 사막과 대양, 산맥 등 외부와 단절된 천연 지리적 방어막 덕분에 안전하게 성장해 왔다. 1970년대 신경제정책이 도입되면서 국가의 전폭적 지원과 정책적 육성으로 위생적인 스테인리스 스틸 탱크가 보급되고, 저온 통제 발효법이나 오크 배럴 숙성 기술을 익히면서 칠레 와인의 품질은 한 단계 업그레이드 되었다. 1980년대부터는 특히 프랑스·이탈리아·미국 등 와인 강국들의 러브콜을 받으며 고품질 합작 와인 생산이 봇물터지듯 이어지며, 이후 초고속 성장 가도를 달리고 있다. 현재 칠레 와인은 저가 와인 보급국의 이미지에서 완전히 탈피하고 다양한 품종 와인들과 수십만 원대의 고품질 와인까지 생산하고 있다.

칠레의 포도밭은 남태평양 해안을 따라 1천300km에 걸쳐 길게 형성되어

——— 뉴월드(New world) 와인

'New World'란 15세기 유럽인들이 발견하여 식민지 경영을 시작한 미지의 새로운 영토에 대해 붙인 지리적 용어로서의 세계사적 의미를 갖고 있으나, 와인 산업과 관련해서는 지중해 문명권의 오랜 전통을 가지고 포도를 재배해 온 유럽 대륙(Old World)에 대비되는 개념으로, 상대적으로 짧은 와인 생산 역사를 가지고 있는 '신흥 와인 생산국'을 일컫는 용어로 사용되고 있다.

그리스, 이탈리아, 프랑스, 독일, 스페인, 포르투갈 같이 오랜 역사를 통하여 전통적으로 와인을 만들어 온 유럽 국가들의 와인을 'Old World Wine'이라고 부르며, 대략 17세기부터 와인을 생산했으나 정치·경제·기술상의 여러 이유로 인해 1950년대부터 활발히 세계 와인 무역에 참여한 국가들, 즉 미국·캐나다·칠레·아르헨티나·호주·뉴질랜드·남아프리카공화국 등 신흥 와인 생산국들의 와인을 'New World Wine'이라고 한다.

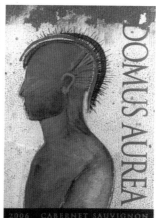

칠레 대표 와인 레이블　Almaviva, Domus Aurea

있다. 긴 지형적 요인 때문에 뜨거운 태양의 북부와 서늘한 남부까지 다양한 기후대가 존재한다. 밤이 되면 눈 덮인 안데스산맥에서 냉기가 하강하며 기온이 내려가는데, 이는 포도의 산도를 보존하는 데 도움이 된다. 남태평양에 면한 해안 지역은 남극을 거쳐 올라오는 차가운 홈볼트(Humbolt) 한류의 영향을 받아 서늘한 기후가 형성되어 관련 품종 와인 생산에 유리하다. 까베르네 소비뇽, 메를로, 피노 누아, 시라, 샤르도네, 소비뇽 블랑 등 가장 대중적인 품종들 위주로 시장 지향적 와인을 생산하는 것이 칠레 와인 산업의 특징이다.

주요 와인 산지

폭이 좁은 사다리 형상을 한 칠레 세부 와인 산지는 공통적으로 동쪽의 안데스산맥에서 발원한 강이 서쪽으로 흘러 바다로 유입되는데, 그 중류와 하류의 유역 적절한 곳에 모두 포도밭이 조성되어 있어 각 산지에서 다양한 스타일의 와인이 생산될 수 있는 복합적인 떼루아를 가진다. 17개 와인 생산 지역(DO) 중에서 가장 핵심적인 곳은 수도 산티아고를 중심으로 한 센트럴 밸리 지역이다.

Stella Aurea   Odfjell   MontGras,   Dagaz   Ninquen
                                Antu

   먼저, 북쪽의 아콩카과(Valle de Aconcagua) 지역은 고온 건조한 곳으로 레드 와인 생산에 호조건을 가진 곳이며, 산티아고를 끼고 있는 마이포 밸리(Valle del Maipo) 지역은 오랜 역사의 전통적 명산지로서 가장 집약적으로 재배되는 칠레 최고의 명산지라고 할 수 있다. 그리고 남쪽으로 이어지는 카차포알 밸리(Valle de Cachapoal)는 해안 산맥 사이에 낀 분지 같은 지형이라 매우 더워 강력한 풀 보디 레드 와인에 적합한 곳이며, 바로 남쪽의 콜차과 밸리(Valle de Colchagua)는 보다 서늘한 떼루아로 섬세하고 정밀한 고품질 와인들이 생산되는 신흥 명산지다. 한편, 센트럴 밸리의 서쪽 해안가에는 찬 바다의 영향으로 소비뇽 블랑, 피노 누아, 리슬링 등 생산에 특화된 카사블랑카 밸리(Valle de Casablanca), 산 안토니오 밸리(Valle de San Antonio), 레이다 밸리(Valle de Leyda)가 최근 주목을 받고 있다. 보다 남쪽의 광활한 꾸리꼬 밸리와 마울레 밸리에서는 일반 품질의 와인들이 대량 생산되고 있다. 마지막으로 가장 최근에 개발이 진행되고 있는 북쪽 끝단의 엘끼 밸리(Valle de Elqui), 리마리 밸리(Valle de Limari)와 남쪽 끝단의 이따따 밸리(Valle de Itata), 비오비오 밸리(Valle de Bio-Bio), 마예꼬 밸리(Valle de Malleco)도 확실한 인지도를 키워가고 있다.

정열의 나라 아르헨티나의 와인

아르헨티나는 세계 5위권의 와인 생산 국가다. 스페인 식민지 시절 본토 인구와 문화가 그대로 유입되면서 미식 문화가 발달하였고, 과거 남미 국가들 중에서는 경제적으로 여유가 있었기 때문에 생산되는 와인은 대부분 자국 내에서 소비되었다. 20세기에 들어와 경제 위기로 자국 내 소비가 줄어들자 수출에 신경을 쓰면서 품질까지 높아지고 있다. 칠레에 한발 뒤져 세계 시장에 진출했지만, 뛰어난 자연 조건과 생산량에 힘입어 남미 와인의 새로운 강자로 떠오르고 있다.

아르헨티나 와인의 품질 요건

일반적으로 유일한 자연 지형물인 바다와 큰 강이 없는 아르헨티나 와인의 품질 요인은 바로 안데스산맥과 높은 해발 고도에 있다. 남북으로 길고 광대하게 이어지는 수천 미터급 대규모 산맥은 서편에 멋진 테라스를 만들어 주었고, 지중해성 기후로 고온 건조한 날씨는 포도를 완숙에 이르게 하며 농축시켜 주고, 해발 1천~2천 m 고도에 자리 잡은 포도밭은 세 가지 특별한 혜택을 선물한다. 첫째, 낮에는 공해와 미세 먼지의 방해 없이 그대로 쏟아지는 햇

| Pyros | Vaglio, Chacra | Biolento | Alpasion,
Private Selection | Iscay |

살을 받아 포도의 껍질이 두툼한 천연 방어 기재를 쌓고, 이는 와인에 추가적인 풍요로움을 주며 색상·타닌의 양을 증가시켜 준다. 둘째, 고도 효과로 인하여 밤이 되면 기온이 급강하하여 포도의 잔존 산도를 끝까지 보전시켜 주어 와인의 균형감과 생동감에 기여한다. 셋째, 극도로 건조한 기후지만 안데스산맥의 눈 녹은 물을 풍부하게 바로 활용할 수 있어 포도밭의 정상적 성장에 부담이 없으며, 부가적으로 생산 비용을 낮추는 데 도움이 된다.

와인 생산 지역

아르헨티나의 와인 산지는 안데스산맥의 동쪽 산자락인 멘도사(Mendoza)와 산 후안(San Juan) 지역을 중심으로 형성되어 있다. 주산지인 멘도사는 아르헨티나 와인 생산량의 70% 이상을 차지하는 최대 와인 산지이며, 품질면에서도 최고다. 안데스산맥 기슭에 위치한 멘도사 지역은 해발 600~1천600m까지 여러 고도에 거쳐 테라스가 형성되어 있다. 이처럼 각각 다른 높이와 건조한 토양, 따뜻한 햇볕 그리고 안데스로부터 불어오는 시원한 산바람은 이 지역에서 포도를 재배할 수 있는 이상적인 조건을 제공한다. 멘도사 하위 구역으로는 마이뿌(Maipú), 말벡 품종의 요람인 루한 데 꾸조(Luján de Cuyo) 그리고 아르헨티나 그랑크뤼 와인 산지인 우꼬 밸리(Valle de Uco)가 있다. 멘도사 북쪽으로는 국내 와인 생산량의 나머지 20%를 책임지는 산 후안 지방이 이어지며 라 리오하(La Rioja)·까타마르카(Catamarca)를 거쳐 가장 북부 산지인 살타(Salta)에 이른다. 멘도사 남쪽으로는 기후 온난화의 혜택을 입어 개발이 진행되고 있는 서늘한 파타고니아(Patagonia) 지역이 이어진다.

포도 품종과 와인 스타일

까베르네 소비뇽, 시라, 샤르도네, 소비뇽 블랑 등 주요 품종들이 모두 재배되나 아르헨티나의 국가 대표 품종은 말벡(Malbec)이다. 1850년대에 프랑스 남서부 보르도와 까오르(Cahors)에서 수입된 말벡은 본토 포도밭이 필록세라로

파괴되는 동안에도 아르헨티나에 안착하여 마치 고향처럼 최고의 품질을 구가하며 성장해서 아르헨티나의 상징 와인이 되었다. 아름다운 적자색 자태에 자두와 베리향, 제비꽃과 향신료가 오크 향과 결합된 화려한 부케, 생동감과 농축미, 보디감을 갖춘 레드 와인을 만들어 주니 세계는 열광했다. 아르헨티나 정부는 'Malbec Day'까지 만들고, 매해 전 세계에서 와인 시음회를 주최하며 아르헨티나 말벡의 우수성을 널리 알리고 있다. 화이트 품종으로는 반짝이는 황금색상에 라일락 꽃향기를 화려하게 풍기는 토론테스(Torontés)를 추천한다.

최근 아르헨티나 와인 레이블에는 와인 숙성에 관한 표시가 생겼다. 새로운 아르헨티나 와인 법규에 따라 레세르바(Reserva) 와인은 12개월, 그란 레세르바(Gran Reserva)는 24개월 숙성을 거친다. 오크 통 및 병입 후 숙성 기간은 와인 생산자에 따라 자유롭게 정할 수 있다.

현대 와인 산업의 기수, 호주 와인

호주는 1788년에 영국 식민지로 편입되면서 바로 포도나무가 식재되고 와인 생산이 시작되었다. 주 소비처였던 유럽과의 거리가 멀어 운송 기간이 오래 걸리는 문제를 해결하기 위해 영국은 처음부터 호주를 포트 와인 스타일의 강화 와인 생산 기지로 만들었다. 수개월이 걸리는 본국과의 뱃길에서 비타민 부족으로 괴혈병에 걸린 사망자가 증가하자 그 치료제로서 포도로 만든 와인을 조금씩 처방하여 의료상 목적으로 사용되기도 했다.

19세기 중엽에는 유럽의 혁명과 사회 혼란 등을 피해 이민온 독일 및 동유럽 이민자들이 남호주에 정착하면서 호주 와인 산업은 점차 확대되어 갔다. 그러나 이러한 호황도 잠시, 20세기 초 1차 세계 대전과 뒤이은 경제 공황으로 19세기에 세워진 대부분의 양조장들이 문을 닫았다. 살아 남은 양조장들은 불황에 맞는 대용량 저그(Jug) 와인이나 팩(Pack) 와인을 중심으로 생산하

호주 와인 산지

힐 오브 그레이스(왼쪽)와 요한 게오르그 Henschke,
Hill of Grace와 Kalleske, Johann Georg 와인은 호주
컬트 쉬라즈 와인의 금자탑이다.

였고, 대부분은 여전히 포트 스타일 강화 와인을 생산했다. 그러나 2차 세계
대전 때 유럽 전선에 출정한 군인 장교들은 '음식과 함께' 와인을 마시는 관습
을 배우고 돌아왔으며, 전후 경제 성장과 함께 와인에 대한 이해와 애정을 가
진 유럽 이민자들이 증가하게 되어 유럽 와인들처럼 고급 품질의 드라이한
테이블 와인에 대한 요청이 쇄도하게 되었다. 게다가 20세기 초반기의 불황
으로 아무 곳에나 세워졌던 양조장들은 정리됐고, 남부의 최적 지역에서만
살아 남았다. 이제 불을 지필 일만 남았는데 누가 불을 지필 것인가.

그랜지(Grange)에서 옐로우테일(Yellow Tail)까지

그 일을 해낸 사람은 바로 호주 양조장 펜폴즈(Penfolds)사의 와인 메이커 막스 슈버트였다. 그는 보르도에서의 짧은 견학을 계기로 보르도 와인처럼 숙성 가능한 드라이 와인을 생산하려는 꿈을 가지고 도전하여 수회의 실패 끝에 성공하여 호주 최고의 전설적 와인 그랜지(Grange)를 탄생시켰다.

1960년대 이후 호주 와인 생산 기술은 급속히 발전하였고, 따라서 와인의 품질도 향상되었다. 기술과 설비가 향상되었을 뿐 아니라 포도 품종과 토양의 상관 관계에 대하여 연구하며 개성을 가진 호주만의 특색 있는 와인을 생산해 세계 시장에 선보였다. 1985년 영국 시장 상륙을 교두보로 미국과 전 세계에 가격 대비 품질이 뛰어난 와인을 공급함으로써 일약 5대 와인 교역국으로 떠올랐다.

이제는 전 세계 주요 시장에서 폭발적으로 신장하고 있다. 2012년에는 통통 튀는 노란색 왈라비 한 마리가 그려진 단순 명료한 와인이 호주의 한 양조장에서 출시되었다. 호주 전체 와인 수출량의 15% 정도를 차지하는 호주의 대표적인 간판 브랜드 와인으로 우리나라에서만 연간 100만 병이나 팔린다. 1~2만 원대에 종류만 십수 종이고, 각각 형형색색 레이블에 스크류캡까지 깔맞춤했다. 제과점 쇼윈도에 있는 마카롱 같다. 세계 와인 브랜드 파워지수(Global Wine Brand Power Index)에서 5년 연속 'No1, Most Powerful Wine Brand'와 'Most Loved Wine Brand'에 선정되는 등 세계 와인 시장에서도 우수성을 인정받고 있다. 호주 와인은 100만 원짜리 그랜지와 1만 원대 옐로우테일 와인들이 공존하며, 와인 초심자와 애호가 모두를 만족시킨다.

포도 품종과 호주 와인 스타일

호주에는 2천300여 개의 생산자들이 있으나 상위 기업형 그룹 회사들이 전 호주 생산량의 80%를 담당하고 있다. 250여 년의 짧은 역사 속에서 빠르게 산업을 '규모화'시켜서 총 65개 생산 구역(WO)에서 100여 종의 품종으로부터 다양한 와인을 생산하고 있다. 특히 호주는 와인 생산을 매뉴얼화함으로써 최고급 와인에서 최저가 와인까지 이해하기 쉽고 명료한 와인을 생산하는 것으로 유명하다. 샤방샤방 맛깔스러운 호주 샤르도네, 매끈한 질감의 토스트-스파이시(Toast-Spicy) 풍미의 쉬라즈는 이렇게 형성된 호주 와인의 전형적 특성이다.

호주는 또한 다양한 품종의 블렌딩 실험장이다. 쉬라즈-까베르네, 까베르네-쉬라즈, 세미용-샤르도네 등 유럽 본토에서는 시도하지 않는 다채로운 조합도 과감하게 시도한다. 21세기에는 신선하고 새큼한 산미로 청량감 넘치는 리슬링과 미네랄로 꽉찬 세미용 화이트 와인이 알자스와 보르도 본토의 아성을 위협하고 있다. 또한 석회질 지대의 까베르네 소비뇽과 서늘한 기후대의 피노 누아 등이 새로운 대안으로 무섭게 성장하고 있으며, 호주 국가 대표 품종 쉬라즈(Shiraz=Syrah)의 지중해 동지들인 그르나슈(G)와 무르베드르(M)를 블렌딩한 'GSM', 'SGM' 등이 레이블에 브랜드화되고 있다.

── 그랜지(Grange)

1951년 펜폴즈(Penfolds)사의 수석 와인메이커 막스 슈버트(Max Schubert)가 쉬라즈를 사용하여 만들었다. 호주 최초의 프리미엄 와인으로, 유럽의 명산지를 순례하고 난 막스의 명품 와인 생산에 대한 갈망이 결실을 맺은 것이다. 처음 출시될 때의 이름은 'Grange-Hermitage'였다. 프랑스 북부 론 지역의 시라 명품 와인 에르미타주(Hermitage)에 대한 경의의 뜻으로 추가했는데, 1990년에 프랑스 측의 이의 제기를 받고는 부담없이 뗐다. 'Grange 1995'는 《Wine Spectator》지 선정 '20세기 와인 베스트 12'에 선정되는 영예를 안았다.

주요 와인 산지

호주 포도밭 면적은 약 14만 6천 ha인데, 이는 프랑스에서 가장 유명한 보르도와 부르고뉴 두 지방 포도밭을 합한 면적과 비슷하다. 국가 전체 면적의 0.05% 정도이니 아직도 성장 가능성은 무궁무진하다.

넓은 호주 대륙에서 포도 재배는 남서부 시드니(Sydney)에서 중부 에덜라이드(Adelaide)에 이르는 반원형 지역에 집중되어 있다. 그리고 20세기 말부터는 호주의 서부도 개척되기 시작되었다. 포도밭의 분포는 남호주(South Australia) 지역에 52%, 뉴 사우스 웨일즈(New South Wales) 지역에 24%, 빅토리아(Victoria) 지역에 15%, 나머지 9%가 서호주와 나머지 지역이다.

뉴 사우스 웨일즈 호주 남서부 시드니를 중심으로 하는 넓은 지역이다. 고품질 와인 생산 지역인 북부 해안의 헌터 밸리와 대량 생산 지역인 내륙의 머레이 달링(Murray Darling), 리버리나(Riverina) 구역으로 크게 나뉜다. 이미 19세기 초부터 알려진 '원조' 명산지 헌터 밸리(Hunter Valley WO)는 부드러운 바닐라맛 샤르도네, 쌉싸래한 진한 세미용과 강한 쉬라즈로 명성이 높다. 현재 남호주의 바로싸 밸리와 함께 호주의 고급 전통 와인 산지를 대표한다. 티렐스(Tyrrell's Wines)의 'Vat 1, Sémillon'은 이 구역 명품 세미용이다.

빅토리아 이 와인 산지는 오랜 전통의 산지이나 필록세라 침투 이후 쇠퇴했다가 서늘한 기후 지역 와인들이 각광을 받자 다시 부흥 중이다. 북부는 여전히 더우나 남쪽 해안가 지대는 남극에서 올라오는 르윈 해류 형향으로 기후가 서늘하다. 주도 멜번(Melbourne)시 동편의 야라 밸리(Yarra Valley)는 빅토리아 주에서 가장 부상하고 있는 산지이며, 피노 누아·샤르도네·스파클링의 명산지다. 북부 지대의 러더글랜(Rutherglen WO) 구역에서 생산되는 특별한 알코올 강화 스위트 'Rutherglen Muscat'는 세계적 명성

Tyrrells, Vat1   Mount Mary,
Semillon   PN

을 누린다. 빅토리아주에서는 마운트 마리(Mount Mary Vineyard) 양조장의 피노 누아, 지아콘다(Giaconda) 양조장의 샤르도네, 캠벨스(Campbells) 양조장의 머스켓 강화 와인을 추천한다. 한편, 남극 대륙과의 사이에 떠 있는 작은 섬 태즈마니아(Tasmania)는 새로 개척되고 있는 산지로서, 남위 41~43°에 위치하여 서늘한 기후대에 좋은 피노 누아, 샤르도네, 스파클링 와인을 생산한다.

사우스 오스트레일리아 현재 호주 최고, 최대 산지는 남호주다. 호주 와인의 50% 이상이 생산되는 곳이며, 가장 집약적으로 포도 재배와 와인 양조가 이루어진다. 워낙 넓은 곳이기에 생산되는 와인의 특상과 떼루아에 따라 세 지역으로 나눈다. 첫 번째는 산지의 북쪽과 동쪽은 머레이강을 낀 내륙 평지로서 매우 덥고 대량 생산 시스템을 갖춘 리버랜드 지역(Riverland Area)이다. 두 번째 지역은 주도 애덜라이드시를 중심으로 반원형 구릉지대인 애덜라이드 지역(Adelaide area)이다. 공통으로 지중해성 기후 지역이나 해발 고도(200~600m)가 다양하고, 토질이 풍부하여 6개의 소구역 모두 개성이 뚜렷하며 고품질 와인을 생산하는 호주 와인의 보물창고 같은 곳이다. 바로싸 밸리(Barossa Valley WO)는 200~300m 고도의 드넓은 구릉지대로서 토질이 풍요롭고 사토질이어서 필록세라가 침입하지 않아 120여 년 이상된 쉬라즈 고목도 많은 곳

| Torbreck, RunRig | St.Hallet, Blackwell Shiraz | Kalleske, Zeitgeist | Serafino, Shiraz | St.Hallett, Eden, Riesling |

이다. 덥고 건조하여 진한 색상과 풍미, 견고한 타닌을 갖춘 풀 보디감의 쉬라 즈, 까베르네 소비뇽, 그르나슈, 샤르도네 와인이 생산된다. 펜폴즈사의 그랜 지를 위시한 호주 컬트 와인의 상당수가 이곳에서 생산된다. 그 오른편에 바 로 인접한 이든 밸리(Eden Valley WO)는 300~500m 고도의 좁은 구릉지대로서 기온이 다소 낮아 포도가 천천히 익고 산도가 높다. 우아하고 깊이 있는 풍미 의 과일 향과 미네랄 특성이 좋고 안정된 균형감과 잘 짜여진 구조를 갖춘 고 품질 와인을 생산한다. 품종은 바로싸와 유사한데, 특히 리슬링 와인이 뛰어 나다. 헨슈키(Henschke)사의 명품 'Hill of Grace'가 이곳에서 생산된다.

이 밖에 클레어 밸리(Clare Valley WO)는 리슬링 와인 생산으로 완전히 특화 되었고, 애덜라이드시 남부의 해안 지역에 있는 맥클라렌 베일(McLaren Vale WO) 구역은 서늘한 기후와 복합적 토질을 바탕으로 감각적이고 세련된 쉬라 즈를 생산하여 신흥 명산지 반열에 올랐다. 클라렌던 힐즈(Clarendon Hills) 양 조장의 'Astralis'가 이곳에서 생산된다. 이 구역을 나오면 외곽으로 애덜라이드 힐즈(Adelaide Hills WO)와 랭혼 크릭(Langhorne Creek WO)이 이어진다. 남호주 의 세 번째 지역은 먼 남쪽의 쿠나와라(Coonawarra area)다. 기후가 다르다. 대 표 세부 산지는 쿠나와라(Coonawarra WO)로서 기후가 서늘하지만 드라이하 다. 토질도 다르다. 유기물과 무기물질에 의해 녹슬고 풍화된 석회점토질 토양 '테 라로싸(Terrarossa)'가 깊은 석회암층 위를 두텁게 덮고 있는 특별한 떼루아가 매우 인상적인 곳이다. 바로싸 카베르네와는 다른 '라임스톤' 까베르네 소비뇽의 진중 하고 강직한 표현을 느낄 수 있는데, 이런 느낌은 서호주에서 다시 만날 수 있다.

웨스턴 오스트레일리아 서호주 (Western Australia)는 주도 퍼스(Perth)를

Cape
Mentelle, CS

Leeuwin, Art
Chardonnay

Moss Wood,
CS

생산자명(펜폴즈)

브랜드명(빈 389)

포도 품종명
(까베르네-쉬라즈)

빈티지

- 브랜드명 & 회사명 : 때로 브랜드명과 회사명이 같거나 유사해 혼동을 줄 때도 있다.
- 생산 지역
  - 일반 블렌딩 와인 : 5대 생산 지역명만 표시
  - 개별 지역과 소구역 표시 와인
  - 단일 포도밭 명시 와인 : 고품질 와인일 가능성이 있다.
- 포도 품종 표시 :
  - 대부분의 호주 와인은 국제적으로 알려진 품종들만을 사용한다.
  - 두 가지 품종 이상이 블렌딩되었을 경우 보다 많이 사용한 품종명 순으로 표기된다.
    예 Semillon-Chardonnay, Shiraz-Malbec-Cabernet.
- 양조, 숙성 스타일
  - Unwooded : 스테인리스조에서 숙성
  - Oak Aging : 오크 통에서 숙성
- 기타 표현
  - Bin Number : 서로 다른 품질의 와인을 번호 매겨 구별. 보관했던 오랜 전통에서 유래한다.
  - Private Bin, Reserve Bin : 해당 회사의 생산 와인 중 특별한 품질 와인
- 빈티지 : 85% 이상의 포도가 해당 연도에 수확된 것이어야 한다.

중심으로 호주 와인 산업에 새로 등장한 지역이다. 9개 생산 구역 중에서 마가렛 리버(Margaret River WO)가 두각을 나타내고 있으며, 샤르도네와 카베르네 소비뇽의 품질이 매우 훌륭하다. 케이프 멘텔(Cape Mentelle)·르윈 에스테이트(Leeuwin Estate)·모스 우드(Moss Wood) 등의 생산자들이 있다.

청정 와인의 나라, 뉴질랜드

북섬과 남섬 2개의 큰 섬으로 구성되어 있는데, 호주 대륙 옆에 있어서 작아보이지만 우리나라의 2.7배나 된다. 17세기에 네덜란드령, 18세기에 영국령으로 편입되었다. 1820년경 영국 선교사가 따뜻한 북부 지역에 첫 포도밭을 만들었고, 1836년경 스코틀랜드인 제임스 버스비(James Busby)가 첫 와인을 생산했다는 기록이 있다. 1960년경에 모든 포도밭을 유럽종으로 교체했고, 1973년에는 서늘한 기후 조건을 가진 남섬의 말버로우(Marlborough)에 첫 포도밭을 조성했다. 1980년대를 통하여 소비뇽 블랑 품종으로 만든 화이트 와인의 성공 조짐이 보이다가 1885년 '클라우디 베이(Cloudy Bay)'라는 브랜드가 큰 성공을 거두었고, 그 다음부터는 폭발적인 관심과 성장이 이뤄졌다.

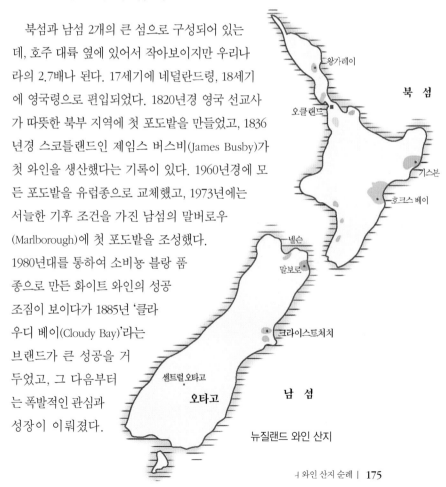

뉴질랜드 와인 산지

뉴질랜드 말버로우 포도밭

1996년 원산지 인증(Certified Origin, CO) 체계를 갖추고 세계 와인 산업 시장에
안정적으로 정착했다.

떼루아

성성한 과일 향과 순수한 느낌의 뉴질랜드 와인, 적은 인구와 오염되지 않
은 광활한 자연, 깨끗하고 푸른 이미지의 나라라서 그런지 청정 와인처럼 느
껴진다. 뉴질랜드는 전반적으로 선선한 해양성 기후이며, 북섬은 기온으로는
보르도와 유사하나 강수량은 보다 많다. 남섬은 확실히 더 춥지만 해가 잘 나
고 더 건조하다. 소비뇽 블랑으로 가장 유명한 말버로우는 의외로 가장 따뜻
한 지역이며 일조일수도 가장 높다. 대부분의 포도밭이 해안을 끼고 널리 퍼
져 있어 낮동안 강하고 깨끗한 햇볕을 받고, 저녁엔 바다로부터 불어오는 쌀
쌀한 바람의 영향을 받는다.

포도 품종과 와인 스타일

포도 재배 규모는 부르고뉴보다 약간 많은 약 3만 3천500ha이며, 약 700여 개의 양조장이 있다. 주력 품종은 소비뇽 블랑(70%)이 압도적이며, 그 한참 뒤로 샤르도네(9%)와 피노 누아(9%)가 있다. 수출량으로 보면 소비뇽 블랑의 비중이 75%까지 올라간다. 그러니 우리나라 와인숍 진열대에 뉴질랜드 와인은 대부분이 소비뇽 블랑 와인이고, 가끔 샤르도네와 피노 누아가 보이는 이유가 이해될 것이다. 지난 30여 년간 세계인들이 열광했던 '뉴질랜드 소비뇽 블랑'은 특유의 구즈베리 열매 향의 알싸함과 더불어 키위·파인애플·망고·패션프룻 등 열대과일 향이 폭발하고, 미감에서 높은 산미와 잘 익은 과일의 향긋한 감칠 맛이 감돌았다. 프랑스 루아르의 쌍세르나 뿌이이 퓌메와는 또 다른 화려한 매력이 넘치는 화이트 와인이다.

| Te Pa, SB | Grove Mill, SB | Matua, SB | Ara, SB | Cloudy Bay, Te Koko |

주요 와인 산지

온화한 북섬의 오클랜드(Auckland) 주변에서는 까베르네 블렌딩의 전통 레드 와인도 생산된다. 동부 해안의 기스본(Gisborne)과 혹스 베이(Hawke's Bay) 지역은 샤르도네와 메를로 등이 대량 생산되는 곳이다. 북섬의 가장 남쪽에는 피노 누아 와인으로 유명한 마틴버로우(Martinboriugh)가 와이라라빠(Wairarapa) 지역에 있다.

남섬에서는 수도 웰링턴을 마주 보고 있는 북쪽 끝단에 있는 말버로우가 소비뇽 블랑 와인 생산의 전설을 써내려 가며 50여 년의 역사를 맞이했다. 국가 와인 생산량의 절반을 담당하는 뉴질랜드 최대 산지다. 풍부한 일조량, 건조한 기후, 높은 일교차, 자갈, 모래 토양으로 최고의 떼루아다. 말버로우의 위세에 가려져 있는 서쪽의 넬슨(Nelson)과 남쪽의 와이빠라(Waipara) 산지도 주목해야 할 가치가 있는 곳들이다.

마지막으로 태고의 모습을 간직하고 있는 지구상 최고의 비경이 펼쳐지는 남섬 남단의 산악 지대로 가보자. 〈반지의 제왕〉, 〈나니아 연대기〉, 〈킹콩〉 등 많은 판타지 영화들을 찍은 곳이다. 남위 45°에 위치해 지구상 가장 남쪽에 위치한 와인 산지 센트럴 오타고(Central Otago)다. 고지대 산지이며 서늘한 기후이나 주변 계곡에서 흘러 내린 문이 고인 호수가 군데군데 많아서 그 주변의 포도밭들은

Stony Ridge, Martinborough, Felton Road,
Larose   PN   PN

정온 효과와 온실 효과를 동시에 받을 수 있다. 이곳은 뉴질랜드 최대 피노 누아 산지이며, 싱싱한 체리·산딸기에 강한 산도와 야생미로 무장한 특별한 피노를 맛보고자 하는 애호가들이 관심이 집중되는 역동적인 현장이다.

남아프리카 공화국 와인

아프리카 대륙의 최남단 대서양과 인도양 두 개의 대양이 만나고, 인도로 가는 길을 찾아 가던 개척자들에게 희망을 선사한 곳, 장엄한 테이블 마운틴 이 방문객을 맞이하는 곳, 남아프리카 공화국! 15세기 대항해 시대에 발견되어 17세기 네덜란드에 의해 케이프 식민지가 만들어지며 첫 포도밭이 조성된

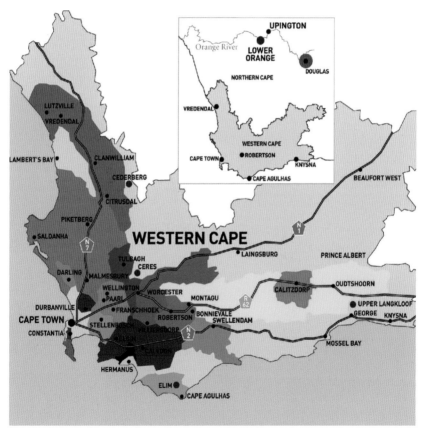

남아프리카 공화국 와인 산지(남아공 와인협회 제공)

| Eben Sadie, Palladius | Klein Constantia, Vin de Constance | Nederburg | Rustenberg, Peter Barlow |

이래 남아공의 와인은 350여 년의 역사를 자랑하며 발전해 왔다.

1679년 첫 양조장 콘스탄찌아 농장이 건립되었고, 1688년부터는 프랑스 신교파인 위그노(Huguenots)들이 종교 박해를 피해 망명 이주하면서 프랑스의 선진 생산 기술이 전파되었다. 이후 꾸준히 지속적인 발전을 거듭하여 18세기에 남아공은 유럽에서 유명한 와인 생산지로서 부각되게 된다. 18~19세기에 남아공의 디저트 와인 '뮈스까 드 콘스탄찌아(Muscat de Constantia)'는 유럽의 왕실에 공급되었으며, 이껨(Yquem)·토까이(Tokaji) 등과 자웅을 겨룰 정도였다. 루이 16세의 와인 창고에는 보르도 와인보다 콘스탄찌아가 더 많을 정도였다. 그러나 20세기에 들어와 두 차례 세계 대전과 대공황, 구미 열강들의 이해 관계로 아프리카 대륙 전체가 힘들었고, 특히 남아공 정부의 흑인 차별 정책으로 인한 무역 재제 등 긴 시간 남아공 와인 산업을 괴롭혔으나, 1994년 넬슨 만델라의 민주 정부 출범 이후 비약적으로 발전해 왔다. 1973년 원산지 제도(Wine of Origin, WO)를 시행하여 60여 개 생산지를 확정했으며, 생산 시설을 획기적으로 개선하고 품질 와인 생산을 최우선 목표로 잡아 뒤늦은 출발에 박차를 가하고 있다.

자연 환경과 포도 품종

전반적으로 지중해성 기후 특성을 보인다. 해안가 지역의 강수량은 적절한 편이며 내륙은 덥고 건조하다. 모든 해안가 지역은 남극에서 올라오는 벤구엘라(Benguela) 한류의 영향으로 서늘한 기운을 받는다. 거의 대부분의 유럽종이 모두 재배되나, 레드 와인을 만드는 피노타쥬(Pinotage)와 높은 산도의 슈냉 블랑이 남아공의 대표 브랜드다. 피노타쥬는 남아공에서 피노 누아와 쌩쏘(Cinsault)를 교배시켜 만든 독자적 품종으로, 과일 풍미와 향신료, 향토적 품성이 잘 표현된 레드 와인이다. 최근에는 피노타쥬에 국제 품종인 까베르네와 메를로를 블렌딩하여 '케이프 블렌드(Cape Blend)'라는 독자적인 블렌딩 모델을 만들어 성공적인 마케팅을 이어가고 있다. 전반적으로 구대륙의 전통적인 고전주의를 고수하는 한편 뉴월드의 현대적인 스타일의 영향도 크게 받고 있다. 이러한 독특한 접점을 통해 남아공 와인은 복합적이면서도 부담이 없고, 섬세하면서도 강한 맛을 띠는 와인으로 승부하고 있다.

주요 와인 산지

현재 약 9만여 ha의 재배 면적과 540여 개의 양조장을 통하여 매해 천만 hl 이상의 와인을 생산하는 남아공은 세계 9위권의 와인 산업 대국이다.

주요 산지로서는 내륙 지역에 파알(Paarl)과 스텔렌보슈(Stellenbosch) 그리고 케이프 해안가에 전통적 명산지 콘스탄찌아가 있다. 20세기 말부터는 해안가의 오버베르그(Overberg), 워커 베이(Walker Bay) 지역으로의 팽창을 통해 새로운 도약을 준비하고 있다. 가장 남쪽이며, 바다에 인접하여 서늘한 기후를 이용하여 피노 누아·샤르도네 등을 생산하고 있으며, 앞으로 성장 가능성이 가장 큰 곳 중 하나다.

떼루아, 친환경, 바이오다이내믹. 완벽한 와인 메이킹으로 떠오르는 미국 컬트 와인 '퀸테사'

Johnson, Hugh & Robinson, Jancis, The World Atlas of Wine. 5e, Mitchell Bearley; London, 352p. 2001.

Johnson, Hugh, The story of Wine. Mitchell Bearley; London, 478p. 1998.

Kolpan, Steven 외, Exploring wine. 2e, John Wiley & Sons, 820p. 2002.

Parker, Robert Jr., Parker's Wine Buyer's Guide. 6e, Fireside, 352p. 2002.

Robinson, Jancis, The Oxford Companion to Wine. 2e, Oxford Univ. Press, 1088p. 2002.

Stevenson, Tom, The New Sotheby's Wine Encyclopedia, A comprehensive reference guide to the wines of the world. 3e, DK Publishing, 600p. 2001.

빛깔있는 책들 203-33
와인

초판 1쇄 발행 ｜ 2003년 3월 26일
개정 증보판 1쇄 인쇄 ｜ 2022년 11월 30일

글·사진 ｜ 손진호
발행인 ｜ 김남석

발행처 ｜ ㈜대원사
주　　소 ｜ 06342 서울시 강남구 양재대로 55길 37, 302
전　　화 ｜ (02)757-6711, 6717~9
팩시밀리 ｜ (02)775-8043
등록번호 ｜ 제3-191호
홈페이지 ｜ http://www.daewonsa.co.kr

값 15,000원

ⓒ Daewonsa Publishing Co., Ltd
Printed in Korea 2003

이 책에 실린 글과 사진은 저자와 주식회사 대원사의 동의 없이는
아무도 이용할 수 없습니다.

ISBN ｜ 978-89-369-0258-2 04590 (89-369-0258-2)
　　　 978-89-369-0000-7 (세트)

빛깔있는 책들

건강 식품(분류번호:202)

즐거운 생활(분류번호:203)

건강 생활(분류번호:204)

한국의 자연(분류번호:301)

미술 일반(분류번호:401)

역사(분류번호:501)